高等职业教育"十三五"精品规划教材
（计算机网络技术系列）

Linux 操作系统配置与管理
项目化教程

主　编　白玉羚　刘金明　王　鹏

副主编　罗大伟　刘志宝　齐　宁　王　珂

U0201712

中国水利水电出版社
www.waterpub.com.cn

·北京·

内 容 提 要

本书以目前最新的 Linux 发行版 CentOS 7 为平台，用项目教学的方式全面介绍 Linux 操作系统的配置与管理。全书共分 14 个项目，项目一到项目七着重训练 Linux 操作系统的下载与安装、命令操作及使用 Vi 编辑器编写 shell 脚本、管理用户和组、管理文件系统和磁盘、配置 Linux 网络；项目八到项目十四着重训练如何搭建 Linux 系统的各种网络服务器，包括 NFS 服务器、Samba 服务器、DHCP 服务器、DNS 服务器、Apache 服务器、电子邮件服务器和防火墙与代理服务器等，并且本书每个项目后面都安排有相应的实训任务，图文并茂、内容深入浅出。

本书可作为高职高专院校、本科院校相关专业的教材，同时也可作为初学者学习 Linux 的一本入门书籍。

图书在版编目（C I P）数据

Linux操作系统配置与管理项目化教程 / 白玉羚，刘金明，王鹏主编. -- 北京：中国水利水电出版社，2019.4（2022.7 重印）
高等职业教育"十三五"精品规划教材. 计算机网络技术系列
ISBN 978-7-5170-7561-5

Ⅰ. ①L… Ⅱ. ①白… ②刘… ③王… Ⅲ. ①Linux操作系统－高等职业教育－教材 Ⅳ. ①TP316.85

中国版本图书馆CIP数据核字(2019)第056771号

策划编辑：石永峰　　责任编辑：张玉玲　　加工编辑：吕　慧　　封面设计：李　佳

书　名	高等职业教育"十三五"精品规划教材（计算机网络技术系列） Linux 操作系统配置与管理项目化教程 LINUX CAOZUO XITONG PEIZHI YU GUANLI XIANGMUHUA JIAOCHENG	
作　者	主　编　白玉羚　刘金明　王　鹏 副主编　罗大伟　刘志宝　齐　宁　王　珂	
出版发行	中国水利水电出版社 （北京市海淀区玉渊潭南路 1 号 D 座　100038） 网址：www.waterpub.com.cn E-mail：mchannel@263.net（万水） 　　　　sales@mwr.gov.cn 电话：（010）68545888（营销中心）、82562819（万水）	
经　售	北京科水图书销售有限公司 电话：（010）68545874、63202643 全国各地新华书店和相关出版物销售网点	
排　版	北京万水电子信息有限公司	
印　刷	三河市鑫金马印装有限公司	
规　格	184mm×260mm　16 开本　15.5 印张　384 千字	
版　次	2019 年 4 月第 1 版　2022 年 7 月第 3 次印刷	
印　数	5001—6000 册	
定　价	40.00 元	

凡购买我社图书，如有缺页、倒页、脱页的，本社营销中心负责调换

版权所有·侵权必究

前　　言

　　Linux 是一套免费使用和自由传播的类 UNIX 操作系统，是一个基于 POSIX 和 UNIX 的多用户、多任务、支持多线程和多 CPU 的操作系统。借助于 Internet 网络，并通过全世界各地计算机爱好者的共同努力，Linux 已成为今天世界上使用最多的一种类 UNIX 操作系统，并且使用人数还在迅猛增长。本书全面介绍了 Linux 的基础操作、网络应用和架设网站开发环境的相关操作，既适合作为 Linux 初学者的入门级教材，也可作为专业人员的参考手册。

　　本书内容主要包括：

　　项目一　认识并下载 Linux 操作系统，对应的知识点为 Linux 系统的特点、Linux 体系结构、Linux 内核、Linux 的版本、CentOS 的下载。

　　项目二　安装 Linux 操作系统，对应的知识点为 Linux 安装前的准备、CentOS 7 的安装方法、首次启动 CentOS 的设置、X-Window System、Linux 终端窗口、Linux 启动过程和运行级别、GRUB。

　　项目三　使用 Linux 命令进行常规操作，对应的知识点为 Linux 命令基础、文件目录类命令、系统信息类命令、进程管理类命令以及其他常用命令。

　　项目四　用 Vi 编辑器编写 shell 脚本，对应的知识点为 shell 的变量功能、输入输出重定向与管道、正则表达式、shell 脚本、Vi 编辑器、Vi 命令。

　　项目五　管理用户和组，对应的知识点为 Linux 用户和组群文件、用户账户管理、组群管理、使用用户管理器管理用户和组群、Linux 常用的账户管理命令。

　　项目六　管理文件系统和磁盘，对应的知识点为 Linux 文件系统、Linux 磁盘管理、磁盘配额管理。

　　项目七　配置 Linux 网络，对应的知识点为/etc/sysconfig/network、Linux 常见网络配置文件、常用网络配置命令。

　　项目八　搭建 NFS 服务器，对应的知识点为 NFS 基本原理、NFS 服务器的安装和配置方法、NFS 客户端配置方法。

　　项目九　搭建 Samba 服务器，对应的知识点为 SMB 协议、Samba 的功能、Samba 服务的配置文件、share 服务器和 user 服务器实例、Samba 服务的用户映射文件、Linux 配置打印服务共享方法、Linux 和 Windows 互相通信方法。

　　项目十　搭建 DHCP 服务器，对应的知识点为 DHCP 服务工作原理、DHCP 服务的安装、服务的启动、DHCP 客户端的配置、DHCP 服务部署。

　　项目十一　搭建 DNS 服务器，对应的知识点为 DNS 查询模式、DNS 域名空间结构、/etc/hosts 文件、DNS 服务的安装、BIND 配置文件、DNS 服务器的配置、DNS 客户端的配置。

　　项目十二　搭建 Apache 服务器，对应的知识点为 Apache 服务的安装、Apache 服务的启动与停止、Apache 服务器的配置。

　　项目十三　搭建电子邮件服务器，对应的知识点为电子邮件服务工作原理、电子邮件服务器的安装、电子邮件服务器的启动与停止、Sendmail 服务器的配置。

项目十四 设置防火墙与代理服务器，对应的知识点为防火墙的概念、防火墙的种类、iptables、NAT、Squid 代理服务器。

本书由白玉羚、刘金明、王鹏任主编，罗大伟、刘志宝、齐宁、王珂任副主编，其中白玉羚编写项目十二至项目十四，并负责全书统稿工作；刘金明编写项目八和项目九，并负责全书排版和部分项目的习题；王鹏编写项目十和项目十一；罗大伟编写项目一和项目二；刘志宝编写项目三、项目四；齐宁编写项目五；王珂编写项目六；李航宇编写项目七；闫淼、霍聪、郑茵、陈晓光参与本书部分内容的编写工作以及制图、制表等方面的工作。

由于作者水平有限，加之时间仓促，书中难免有疏漏和不妥之处，恳请各位读者和专家批评指正，以便再版时修正。

编 者

2019 年 2 月

目　录

项目一

下载 Linux 操作系统

 学习目标

- 了解 Linux 系统的主要特点。
- 了解 Linux 操作系统的体系结构。
- 能够根据需要选择 Linux 的发行版本。
- 能够下载 CentOS Linux。

项目背景

公司购买了一批计算机,需要使用 Linux 操作系统。经理要求小张负责这批计算机系统的安装。首先,小张对 Linux 操作系统进行了了解。Linux 操作系统是基于 UNIX 操作系统发展而来的。它是一个多用户、多任务、支持多线程和多 CPU 的操作系统。它既能在价格昂贵的工作站上运行,也能够在廉价的 PC 机上实现全部的 UNIX 特性,是在 GNU 公共许可权限下免费获得的。

了解了 Linux 操作系统后,小张需要对比各种版本的 Linux 系统,并根据公司的使用需求从中选出一个合适的版本进行下载。

任务 1 认识 Linux 操作系统

Linux 是一种开放源代码和自由传播的计算机操作系统,是一个多用户、多任务、支持多线程和多 CPU 的操作系统,能运行主要的 UNIX 工具软件、应用程序和网络协议。它的稳定性、安全性与网络功能是许多操作系统无法比拟的。

Linux 具有如下优点:

- 完全免费。
- 灵活性高、安全性高。

- 通用性、可定制性强。
- 多用户、多任务系统。每个用户相互之间不受影响，都对自己的文件设备有相应独立的权利。多任务是指多个程序可以独立地运行。
- 良好的可移植性。Linux 支持多平台。

1. Linux 的起源与发展

1991 年 10 月 5 日，Linux 内核由林纳斯·托瓦兹在 comp.os.minix 新闻组上首次发布。1993 年 3 月，Linux 1.0 诞生，Linux 加入 GPL 协议。1998 年开始，Google、IBM、Sun、Oracle 等公司纷纷与 Linux 展开了商业往来。同时，随着大量高水平程序员的加入，Linux 得到了快速发展。目前 Linux 的发行版主要有 Ubuntu、CentOS、RedHat 等，用户遍布世界各地。现如今，Linux 应用到了更多的硬件平台，在服务器、嵌入式系统等领域都被广泛应用。

2. Linux 的版权问题

GNU 项目始于 1984 年，由史托曼开始研发。他最终的目的是创建一个自由、开放的 UNIX 操作系统。他参考 UNIX 上面现有的软件功能自主研发与其功能相同的软件。渐渐地，史托曼研发的免费 GNU 软件被广泛熟知。到了 1985 年，为了避免 GNU 软件被别人注册专利，他委托律师草拟了通用公共许可证（General Public License，GPL）。

用户可以免费地获取软件与源码，可以自由地复制该软件并修改软件以便符合自己的需求，还可以将修改后的软件发行供其他用户使用。1993 年 Linus Torvalds 将 Linux 系统转向 GPL，加入了 GUN。

3. Linux 的主要特点

目前，Linux 已经具有了全部 UNIX 特征。Linux 的命令格式与 UNIX 命令相同。它基于 GPL 的版权声明之下，可以在 x86 的架构下运行。因此，Linux 可以看作是类 UNIX 操作系统的一种。下面介绍一下 Linux 的主要特点。

（1）开放性。Linux 开放源代码，用户可以在互联网上免费下载到各种版本的 Linux 操作系统。此外，用户可以修改 Linux 的源代码以符合自己的需求。

（2）真正实现多用户多任务。在 Linux 系统中，每个用户对自己的资源有特定的权限，并且计算机可以同时执行多个程序，而且各个程序的运行互相独立。Linux 系统可调度每一个进程，平等地访问微处理器。由于 CPU 的处理速度非常快，其结果是启动的应用程序看起来好像在并行运行。目前，能提供真正多任务能力的操作系统有限，而 Linux 真正实现了多任务、多用户，允许多个用户同时执行不同的程序，并且可以按照任务的紧急程度分配优先级。

（3）广泛的硬件支持。Linux 不必像早先的 UNIX 系统那样仅可以运行在一个公司出产的设备上，而是可以支持个人计算机的 x86、ARM、MIPS、ALPHA 等多种体系结构的微处理器。

（4）拥有良好的用户界面。Linux 向用户提供了字符界面和图形界面两种界面。Linux 的传统用户界面是字符界面，即 shell，它既可以联机使用，又可保存在文件上脱机使用。shell 有很强的程序设计能力，用户可方便地用它编制程序，从而为用户扩充系统功能提供了更高级的手段。在字符界面中，操作者可以输入相关的控制、配置指令控制操作系统。字符界面的操作要求操作人对 Linux 的指令非常熟悉。

在配置较高的计算机中，可以使用 Linux 的图形界面。它利用鼠标、菜单、窗口和滚动条等设施，为用户呈现了一个直观、易操作、交互性强、友好的图形化界面。

（5）丰富的网络功能。完善的内置网络是 Linux 的一大特点，Linux 是依靠互联网才迅速发展起来的。其内置 TCP/IP 协议，支持 Internet。Linux 内置了 FTP（文件传输）、远程访问等网络功能。此外，Linux 免费提供了大量支持 Internet 的软件，其在通信和网络功能方面优于其他操作系统，因为其他操作系统不包含如此紧密地和内核结合在一起的连接网络的能力，也没有内置这些联网特性的灵活性。

（6）可靠的系统安全。Linux 的内核高效稳定，它采取了许多安全技术措施，包括对读写进行权限控制、带保护的子系统、审计跟踪、核心授权等，还提供了大量的网络管理软件、网络分析软件和网络安全软件等。这为网络多用户环境中的用户提供了必要的安全保障。

4．Linux 操作系统的体系结构

Linux 操作系统的体系结构由内核、shell、文件系统和实用工具组成。内核、shell 和文件系统一起形成了基本的操作系统结构，它们使得用户可以运行程序、管理文件并使用系统。

（1）Linux 内核。内核是指一个提供硬件抽象层、磁盘及文件系统控制、多任务等功能的系统软件。它是 Linux 操作系统的基础，用于完成最基本的任务。Linux 内核主要包括进程调度、内存管理、文件系统、进程间通信和网络接口等。

1）进程调度。进程调度的主要工作是进程的执行。在内核中，这些进程称为线程。内核通过 SCI 提供了一个应用程序编程接口（API）来创建一个新进程或者停止一个进程，并在它们之间进行通信和同步。进程管理还包括处理活动进程之间共享 CPU 的需求。

2）内存管理。内存管理的主要作用是控制多个进程安全地共享内存区域。为了提高效率，如果由硬件管理虚拟内存，内存是按照所谓的内存页方式进行管理的。Linux 支持虚拟内存，即运行程序时，操作系统把当前使用的程序块保留在内存中，其余的程序块保留在磁盘中。

3）文件系统。虚拟文件系统隐藏了各种文件系统的具体细节，为文件操作提供统一的接口。Linux 中的这些文件就是通过 VFS 来实现的。Linux 提供了一个大的通用模型，使这个模型包含了所有文件系统功能的集合。虚拟文件系统又分为逻辑文件系统和设备驱动程序。Linux 内核中有大量的代码在设备驱动程序部分，用于控制特定的硬件设备。

4）进程间通信。进程间通信就是在不同进程之间传播或交换信息，进程的用户空间是不能相互访问的。因此，如果想实现进程间的通信，就要借助内核。进程通信子系统支持在进程之间的各种通信机制。

5）网络接口。Linux 支持大量网络协议，网络接口子系统提供了对各种网络标准的存取和各种网络硬件的支持。

（2）shell。shell 是系统的用户界面，提供了用户与内核进行交互操作的一种接口。它接收用户输入的命令并把它送入内核去执行。

实际上 shell 是一个命令解释器，它解释由用户输入的命令并且把它们送到内核。不仅如此，shell 有自己的编程语言用于对命令的编辑，它允许用户编写由 shell 命令组成的程序。shell 编程语言具有普通编程语言的很多特点，比如它也有循环结构和分支控制结构等，用这种编程语言编写的 shell 程序与其他应用程序具有同样的效果。

shell 的版本如下：

- BASH：是 GNU 操作系统上默认的 shell。
- Bourne shell：是贝尔实验室开发的。
- Korn shell：是对 Bourne shell 的发展，在大部分内容上与 Bourne shell 兼容。

● Z shell：是指终极 shell，集成了 bash、ksh 的重要特性，同时又增加了自己独有的特性。

（3）Linux 文件系统。Linux 文件系统中的文件是数据的集合，文件系统不仅包含着文件中的数据而且还有文件系统的结构。文件系统是文件存放在磁盘等存储设备上的组织方法。目前，Linux 系统能支持 EXT2、EXT3、FAT、FAT32、VFAT 等文件系统。每个文件系统由逻辑块的序列组成，一个逻辑盘空间一般划分为几个用途各不相同的部分，即引导块、超级块、数据区等。

（4）实用工具。Linux 系统的实用工具可分为三类：编辑器、过滤器和交互程序。其中，编辑器用于编辑文件；过滤器用于接收数据并过滤数据；交互程序允许用户发送信息或接收来自其他用户的信息。实用工具包括文本编辑器、Internet 工具、编程语言、数据库等。

Linux 的编辑器主要有 Ed、Ex、Vi 和 Emacs。Ed 和 Ex 是行编辑器，Vi 和 Emacs 是全屏幕编辑器。

Linux 的过滤器就是从用户文件或其他地方按行读取内容，并且把内容写到标准输出。也就是说，Linux 的过滤器过滤了经过它们的数据。Linux 有不同类型的过滤器，一些过滤器用行编辑命令输出一个被编辑的文件。另外一些过滤器是按模式寻找文件并以这种模式输出部分数据。还有一些执行字处理操作，检测一个文件中的格式，输出一个格式化的文件。过滤器的输入可以是一个文件，也可以是用户从键盘键入的数据，还可以是另一个过滤器的输出。过滤器可以相互连接，因此，一个过滤器的输出可能是另一个过滤器的输入。在有些情况下，用户可以编写自己的过滤器程序。

任务 2　选择 Linux 操作系统版本

Linux 的版本号其实是分为两部分的，即内核（Kernel）和发行套件（Distribution）版本，这两者是相对独立的。Linux 发展到现在，由许多的个人、组织或者企业因许多不同的目的而参与其中。目前普遍使用的发行版就有二十多种。

1. 识读内核版本

Linux 开发小组一直控制着内核的开发和规范，版本也是唯一的。开发小组每隔一段时间便会公布新的版本或其修订版。Linux 内核的版本号命名是有一定规则的，即：

主版本.次版本.释出版本-修正版本

其中，主版本号和次版本号标志着重要的功能变动。如果主、次版本架构不变，只是新增功能，则采用释出版本。如果只针对于某个内核修改了部分代码，则使用修正版本。此外，如果次版本是偶数，就表示该内核是一个可以放心使用的稳定版；如果是奇数，则表示这种内核版本主要用在测试阶段。

【任务描述】请识读以下版本号：

2.4.11-90.e15

【任务完成】

说明：2 代表主版本号，4 代表次版本号，11 代表释出版本号，90.e15 代表修正版本号。

读者可以到 Linux 内核官方网站 http://www.kernel.org/下载最新的内核代码，如图 1-1 所示为最新内核版本。

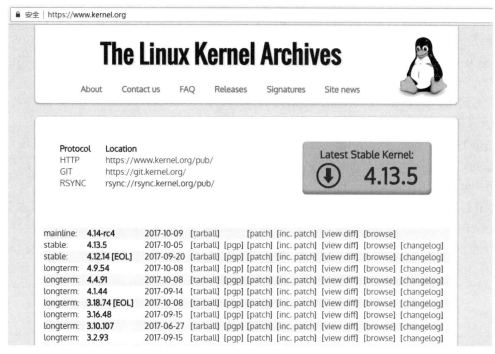

图 1-1　Linux 内核的官方网站

2．选择发行版本

Linux 的发行版本是由许多公司或机构将内核、源代码及相关的应用程序组织构成一个完整的操作系统，以便于一般的用户可以简便地安装和使用 Linux。

（1）Slackware。Slackware 创建于 1992 年，它没有任何配置系统的图形界面工具。优点是由于尽量采用原版的软件包而不进行任何修改，因此软件制造新 Bug 的概率便低了很多。在其他主流发行版强调易用性的时候，Slackware 依然固执地追求最原始的效率，即所有的配置均要通过配置文件来进行。

官方网站为 http://www.slackware.com/。

（2）RedHat Linux。RedHat 是最成功的 Linux 发行版本之一，它可以让用户很快享受到 Linux 的强大功能而免去繁琐的安装与设置工作。RedHat 公司的免费发行版到 RedHat 9.0 就已经结束了，现在 RedHat 公司已经转向企业级操作系统的开发。

官方网站为http://www.redhat.com/。

（3）Debian Linux。Debian 可以算是迄今为止最遵循 GNU 规范的 Linux 系统，它的特点是使用了 Debian 系列特有的软件包管理工具 dpkg，使得安装、升级、删除和管理软件变得非常简单。Debian 是完全由网络上的 Linux 爱好者负责维护的发行套件。这些志愿者的目的是制作一个可以同商业操作系统相媲美的免费操作系统，并且其所有的组成部分都是自由软件。

官方网站：http://www.debian.org/。

（4）Ubuntu。Ubuntu 基于 Debian GNU/Linux，支持 x86、amd64 和 ppc 架构。Ubuntu 对GNU/Linux的普及特别是桌面普及作出了巨大贡献。它包括了大量来自 Debian 发行版的软件包，同时保留了 Debian 的软件包管理系统。

官方网站为https://www.ubuntu.com/。

（5）SuSE Linux。SuSE 是德国最著名的 Linux 发行版，在世界范围内也享有较高的声誉，它的特点是使用了自主开发的软件包管理系统 YaST。2003 年 11 月，Novell 收购了 SuSE，使 SuSE 成为 RedHat 的一个强大的竞争对手。同时还为 Novell 正在与微软进行的竞争提供了一个新的方向。

官方网站为http://www.novell.com/linux/suse/。

3．了解 CentOS

CentOS 是一个基于 RedHat Linux 提供的可自由使用源代码的企业级Linux发行版本。在众多 Linux 的发行版本中，CentOS 在国内的用户更多，它与 RedHat Enterprise Linux 的使用习惯更为相似，是源代码再编译的产物。

RHEL 是很多企业采用的 Linux 发行版本，但是如果想得到 RedHat 的服务与技术支持，用户必须向 RedHat 付费才可以。

CentOS 的开发者们使用 RedHat Linux 的源代码创造了一个和 RHEL 近乎相同的 Linux。由于 RedHat 的服务与技术支持是需要付费的，而 CentOS 是免费的，因此受到全世界企业用户的喜爱，他们可以使用 CentOS 搭建免费的企业级 Linux 系统环境。

CentOS 的特点如下：

（1）CentOS 可以实现 RedHat 的全部功能。

（2）CentOS 是免费的。

（3）使用 yum 命令可以帮助用户即时免费地更新系统。

（4）CentOS 相当于 RHEL 的升级，并且改进了 RHEL 中的 Bug。

用户进入 CentOS 的官网http://www.centos.org 可以下载 CentOS 最新版本的镜像包。

任务 3　下载 CentOS Linux 操作系统光盘映射文件

小张最后选定了 CentOS Linux 操作系统，接下来的任务就是去 CentOS 的官方网站下载一个 CentOS 系统的光盘映像文件。

【操作】

（1）进入官网 https://www.centos.org。

（2）单击上方的 GET CENTOS 选项，如图 1-2 所示。

图 1-2　Linux 官网首页的 GET CENTOS 选项

（3）进入下载页，可以看到三个选项，如图 1-3 所示。

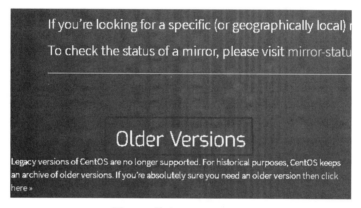

图 1-3   下载页面

- DVD ISO：标准安装版。
- Everything ISO：在安装版的基础上集成了所有软件。
- Minimal ISO：迷你镜像版，只包含必备的软件包，是低配置主机的首选。

（4）如果不想安装最新版本，可以单击 Older Versions 链接，如图 1-4 所示。

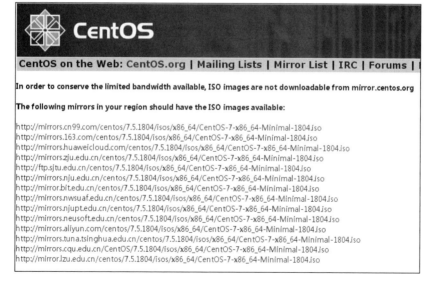

图 1-4   单击 Older Versions

（5）单击链接后，可在新打开的页面中选择需要的版本，如图 1-5 所示。

图 1-5   选择版本

（6）单击所需的版本，弹出"新建下载任务"对话框，选择"下载到"的位置，再单击"下载"按钮。如图 1-6 所示。

图 1-6　选择保存位置

项目总结

Linux 操作系统作为一个 GNU 操作系统，具有 UNIX 操作系统的优点，另一方面作为开放源代码产品，又具有自身的特点。正是由于自身的特点，Linux 成为目前最为流行的操作系统之一。CentOS Linux 系统作为 Linux 众多的发行版之一，本着自由与开放源代码的原则，非常注重系统使用的人性化与安全性，是目前最为流行的 Linux 操作系统。

思考与练习

一、选择题

1. Linux 最早是由计算机爱好者（　　）开发的。
   A．Richard Petersen　　　　　　　B．Linus Torvalds
   C．Mark Shuttleworth　　　　　　D．Linus Sarwar
2. 下列操作系统中，（　　）是自由软件。
   A．Windows XP　　　　　　　　B．UNIX
   C．Linux　　　　　　　　　　　D．Solaris
3. 下列描述中（　　）不是 Linux 的特点。
   A．多任务　　　　B．单用户　　　　C．设备独立性　　　　D．开放性
4. Linux 的内核版本 2.5.20 是（　　）的版本。
   A．不稳定　　　　B．稳定　　　　C．第 5 次修订　　　　D．第 2 次修订

二、填空题

1. GUN 的含义是_____。
2. GPL 的含义是_____。

三、简答题

1. 应如何理解 Linux 操作系统的特点？
2. Linux 操作系统内核与 Linux 操作统系发行版有什么区别？

技能实训

实训：对比各个版本 Linux 系统的优缺点

一、实训描述

办公室新购了计算机，要求小李根据需求选择一个 Linux 操作系统的版本。

二、实训步骤

小李对各个版本的 Linux 操作系统进行了对比，得出如下结论：

（1）Slackware。

优点：Slackware 具有高度技术性，干净，操作简单。

缺点：Slackware 是基于文本的系统安装和比较原始的包管理系统，没有解决软件依赖关系，不稳定。

Slackware 创建于 1992 年，它没有任何配置系统的图形界面工具。由于尽量采用原版的软件包而不进行任何修改，因此软件制造新 Bug 的概率便低了很多。在其他主流发行版强调易用性的时候，Slackware 依然固执地追求最原始的效率，即所有的配置均要通过配置文件来进行。

（2）RedHat Linux。

优点：RedHat 是最成功的 Linux 发行版本之一，它可以让用户很快享受到 Linux 的强大功能而免去繁琐的安装与设置工作。

缺点：RedHat 公司的免费发行版到 RedHat 9.0 就已经结束了，现在 RedHat 公司已经转向企业级操作系统的开发。

（3）Debian Linux。

优点：Debian 作业环境干净，采用基于 Deb 的 ATP 包管理系统。

缺点：中文支持不是很完善，并且不提供专门技术支持；发行周期过长，稳定版本中软件过时。

Debian 可以算是迄今为止最遵循 GNU 规范的 Linux 系统，它的特点是使用了 Debian 系列特有的软件包管理工具 dpkg，使得安装、升级、删除和管理软件变得非常简单。Debian 是完全由网络上的 Linux 爱好者负责维护的发行套件。这些志愿者的目的是制作一个可以同商业操作系统相媲美的免费操作系统，并且其所有的组成部分都是自由软件。

（4）Ubuntu。

优点：有优良的收费的技术支持，用户界面和硬件的兼容较好。

缺点：技术支持和更新服务需要收费，服务器软件生态系统的规模和活力方面稍弱。

Ubuntu 基于 Debian GNU/Linux，支持 x86、amd64 和 ppc 架构。Ubuntu 对 GNU/Linux 的

普及特别是桌面普及作出了巨大贡献。它包括了大量来自 Debian 发行版的软件包，同时保留了 Debian 的软件包管理系统。

（5）SuSE Linux。

优点：极全的软件包、优秀的界面、方便的 YaST 系统配置。

缺点：安装有些繁琐。

SuSE 是德国最著名的 Linux 发行版，在世界范围内也享有较高的声誉，它的特点是使用了自主开发的软件包管理系统 YaST。2003 年 11 月，Novell 收购了 SuSE，使 SuSE 成为 RedHat 的一个强大的竞争对手。同时还为 Novell 正在与微软进行的竞争提供了一个新的方向。

（6）CentOS。

优点：更新与服务免费，具备良好的社区技术支持，与 RHEL 可以平滑过渡，采用基于 yum 的 RMP 包管理系统。

缺点：缺乏最新 Linux 技术；不能持续提供定期安全更新及稳定发布。

项目二
安装 Linux 操作系统

 学习目标

- 了解 Linux 安装前的准备工作内容。
- 掌握 X-Window System 的基本结构。
- 能够安装 Linux 操作系统。
- 能够安装和配置 GRUB。

项目背景

计算机要正常工作，首先必须安装操作系统软件。小张最终选择了 CentOS 7 版本的 Linux 操作系统进行了下载，CentOS 是 Linux 发行版之一，由来自于 RedHat Enterprise Linux 依照开放源代码规定释出的源代码所编译而成。由于出自同样的源代码，因此有些要求高度稳定性的服务器以 CentOS 替代商业版的 RedHat Enterprise Linux 使用。

小张下一步的工作就是进行系统的安装。Linux 在图形界面下的安装过程与 Windows 类似，也包括系统的引导、磁盘的分区、创建文件系统及相关系统配置。

任务 1　做好安装前的准备

1. 查看计算机配置

在开始 Linux 系统安装之前，最好先对计算机硬件信息有一些了解。了解计算机硬件信息的方法有如下几种：

（1）参考计算机使用说明书。

（2）在已经安装了 Windows 系统的计算机上执行"开始"→"控制面板"→"系统"命令，从打开的窗口中了解一些相关的计算机配置信息。

（3）如果想详细查看硬件信息，可以查看 CPU 支持的指令集，以便安装 CPU 类型对应的 Linux 操作系统版本，可以借助专门的软件工具，如 everest。在了解计算机硬件配置后，安装 Linux 操作系统还应该注意以下几个系统配置问题：

步骤一：查看硬件环境。

由于设计 Linux 的初衷之一就是用较低的系统配置提供高效率的系统服务，所以安装 Linux 并没有严格的系统配置要求，只要 Pentium 以上的 CPU、64MB 以上的内存、1GB 左右的硬盘空间，就能安装基本的 Linux 系统并且能运行各种系统服务。但是如果要顺畅地运行 X-Window，建议使用 128MB 以上内存。对于初学者而言，建议安装前最好为 Linux 做硬盘规划，空出一个 2GB 左右的磁盘分区安装 Linux 系统。表 2-1 是 Linux 系统推荐的最低配置。

表 2-1　Linux 系统推荐的最低配置

安装类型	内存	硬盘空间
桌面（Desktop）	256MB	3GB
服务器（Server）	64MB	500MB

将 Linux 操作系统安装在目前通用的计算机上基本没有什么问题，还可使用 Linux 操作系统提供的一些服务器功能，如打印服务、Web 服务、防火墙等。

步骤二：检查网络配置。

Linux 操作系统作为一种网络操作系统，要充分发挥其优越性能，连接网络是必须的。因此，要求先查明 IP 地址、子网掩码、域名服务器、网关等相关设定。此外还需了解网卡型号，看网卡是否被系统支持。

步骤三：查看外设型号。

常用外设的型号要了解。如鼠标类型（PS/2、USB或串口）、显卡的型号及各项参数。

提示：对于目前通用的显卡，Linux 系统都支持图形环境启动，但如果要求系统支持 3D 桌面环境，最好先了解显卡型号。

2．掌握必备的 Linux 安装知识

（1）操作系统的安装顺序。安装时要考虑计算机内是否已安装有其他操作系统，是否要让 Linux 操作系统与原有的操作系统并存。若让 Windows 系列操作系统与 Linux 系统并存，务必先安装 Windows 系统，再安装 Linux 系统。因为 Windows 系统的安装程序会更改主引导记录，且无法进行各种操作系统的多重启动。假如硬盘上的分区全部都采用 NTFS 文件系统，并且不打算删除其中任何分区上的资料，那就必须建立一个 FAT16 或 FAT32 的分区，或再准备一个硬盘，因为 Linux 系统默认不支持 NTFS 的写入功能，通过 DOS 格式的分区就能够实现 NTFS 文件系统与 Linux 系统间的信息传输。

（2）设备与设备名称。在 Linux 操作系统中，每个硬件设备都被当作文件对待。这样做的好处是，应用软件只负责对对应文件的操作，而不必管实际上硬件的运行。例如，常见的 IDE 接口硬盘文件对应 Linux 中的名称为/dev/hd[a-d]，其中方括号内的字母表示为 a～d 的任何一个硬件设备与 Linux 中设备名称的对应关系，如表 2-2 所示。

表 2-2　硬件设备与 Linux 中设备名称的对应关系

硬件设备	Linux 中的设备名称
IDE 硬盘	/dev/hd[a-d]
SCSI 硬盘	/dev/sd[a-d]
光驱	/dev/cdrom
软驱	/dev/fd[0-1]
打印机	/dev/lp[0-2]
鼠标	/dev/mouse
网卡	/dev/ethn（n 由 0 开始）

对于 IDE 硬盘来说，主板上最多只有两个 IDE 插槽，而每个插槽都可以通过排线接两个硬盘。主板上第一个插槽是 IDEl（Primary），第二个插槽是 IDE2（Secondary），每个插槽上可以接的两块硬盘的其中一块是 Master，另外一块就是 Slave，表 2-3 给出了它们在 Linux 中的名称。

表 2-3　IDE 硬盘在 Linux 中的名称

IDE 接口号	Master 在 Linux 中的名称	Slave 在 Linux 中的名称
IDE1	/dev/hda	/dev/hdb
IDE2	/dev/hdc	/dev/hdd

对于 SCSI，SATA 和便携设备在 Linux 中的名称则都是/dev/sd [a-z]，但是它们会依照顺序排下去，理论上会先排 SCSI，然后是 SATA，最后才是便携设备。

（3）Linux 分区的表示。由于接触最多的是 Windows 操作系统，所以大多数人都习惯使用类似于 C 或 D 的符号来标识硬盘分区，但是在 Linux 中却不是这样。Linux 的命名设计比其他操作系统更灵活，能表达更多的信息。Linux 通过字母和数字的组合来标识硬盘分区，如 hda1，具体含义是 hda 是 IDE1 口的主硬盘（分区名的前三个字母的含义前面已经讲述），最后的数字表示在该设备上的分区顺序，前四个分区（主分区或扩展分区）用数字 1～4 表示，逻辑分区从 5 开始。例如，hda3 表示第一个 IDE 硬盘上的第三个主分区或扩展分区，而 hda5 表示第一个 IDE 硬盘上的第一个逻辑分区。

（4）系统的目录与分区使用。在 Linux 操作系统中没有 Windows 的所谓磁盘分区（C 盘、D 盘）概念，所有在不同分区的数据构成唯一的一个目录树，这个目录树是以"/"作为 Linux 的根目录。

在安装时 Linux 系统必须有一个"/"（根目录），其他目录依附在它下面。这些其他目录所使用的实际硬盘空间可以是独立的，在不同的硬盘，也可以是不独立的，在同一个硬盘。如果没有独立，就是使用"/"分区的空间或者在上一层目录的分区空间。实现这种管理方式是通过将每个分区当成目录使用，这种指定的目录即称为挂载点（mount point）。

任务 2 安装 CentOS 7 Linux 操作系统

CentOS（Community Enterprise Operating System，社区企业操作系统）是 Linux 发行版之一，是来自于 RedHat Enterprise Linux 依照开放源代码规定释出的源代码所编译而成的。

CentOS 是一个基于 RedHat Linux（收费）提供的可自由使用源代码的企业级 Linux 发行版本。而且在 RHEL 的基础上修正了不少已知的 Bug，相对于其他 Linux 发行版，其稳定性值得信赖。更重要的是它是免费的，所以它受到了很多企业的青睐。

步骤一：CentOS 7 只能安装在 64 位系统的机器上，成功引导系统后会出现如图 2-1 所示的界面。

图 2-1 CentOS 7 安装引导界面

界面说明：

Install CentOS 7：安装 CentOS 7。

Test this media & install CentOS 7：测试安装文件并安装 CentOS 7。

Troubleshooting：修复故障。

步骤二：进入图形化安装界面选择"简体中文（中国）"选项，如图 2-2 所示，然后单击"继续"按钮。

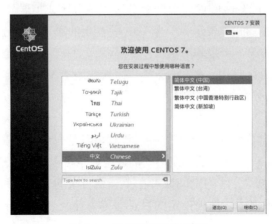

图 2-2 选择安装语言界面

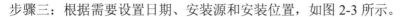

步骤三：根据需要设置日期、安装源和安装位置，如图 2-3 所示。

图 2-3　主安装界面

（1）安装源选择。单击"安装源"选项，进入"安装源"选择界面，如图 2-4 所示，在其中选择正确的安装来源。

图 2-4　选择安装源界面

（2）打开"安装目标位置"界面，如图 2-5 所示，选择安装位置，通常为默认。如果选择手动配置分区，则打开"手动分区"界面，如图 2-6 所示。单击界面上的"+"按钮可以添加新的挂载点，如图 2-7 所示。

图 2-5　安装位置选择界面

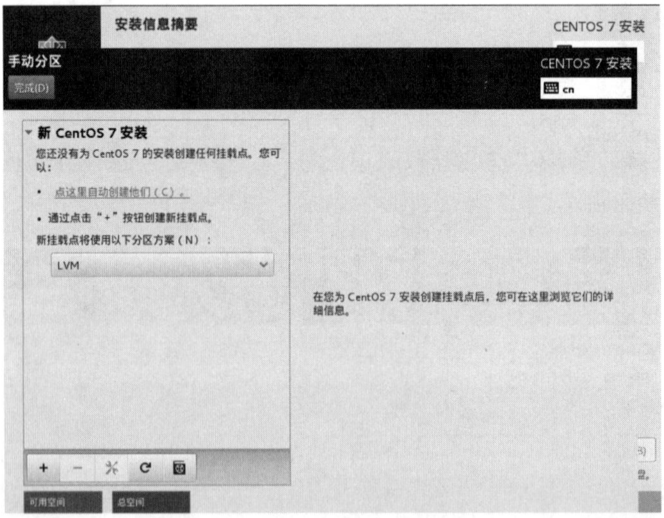

项目二

图 2-6　手动分区界面

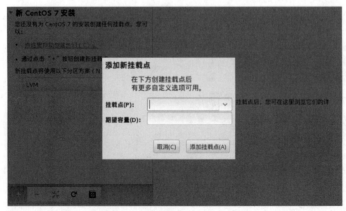

图 2-7　添加新的挂载点界面

（3）软件选择，根据个人需求进行选择。如果需要图形化界面，且需要将本机设为服务器，则选择"带 GUI 的服务器"选项，如图 2-8 所示。

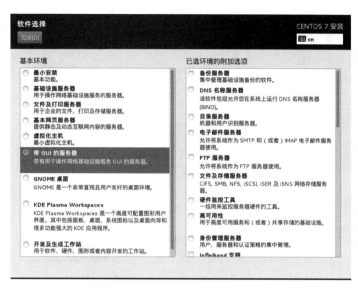

图 2-8　选择安装软件界面

（4）网络和主机名，打开"网络和主机名"界面，如图 2-9 所示。默认情况下 Ethernet 是关闭的，因为是 NAT 模式，会通过 DHCP 自动获取 IP。

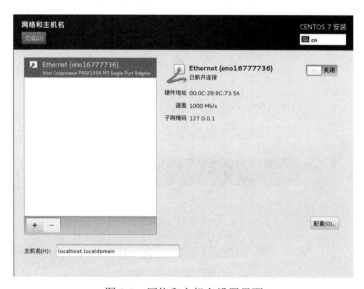

图 2-9　网络和主机名设置界面

步骤四：开始安装，如图 2-10 所示。在安装过程中，可以设置 ROOT 密码，还可以创建一个常用账号。

（1）单击"Root 密码"选项，设置密码，然后单击"完成"按钮，如果密码强度低，则单击两次"完成"按钮，如图 2-11 所示。

（2）单击"创建用户"选项，勾选"将此用户作为管理员"复选项，如图 2-12 所示。

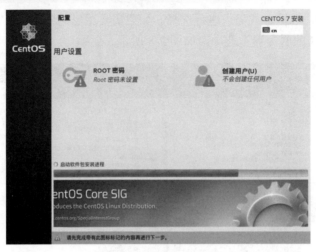

图 2-10　安装过程界面

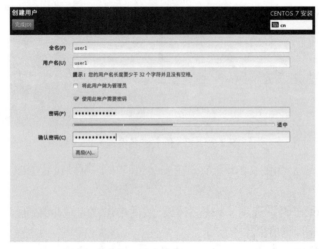

图 2-11　设置 ROOT 密码界面

图 2-12　创建用户界面

（3）创建好 ROOT 密码及用户后，耐心等待即可，如图 2-13 所示。

图 2-13　安装过程界面

步骤五：完成安装，如图 2-14 所示，单击"重启"按钮重启机器。

图 2-14　安装完成界面

任务 3　完成首次启动 CentOS 的设置

系统首次启动，显示未接受许可证，如图 2-15 所示。

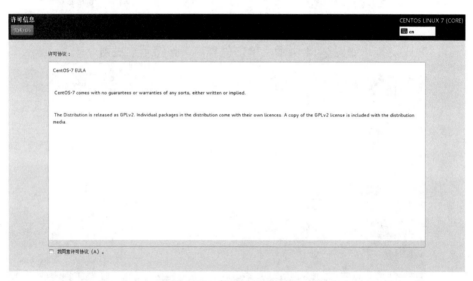

图 2-15　警告"未接受许可证"界面

　　单击"许可信息"选项，打开"许可信息"对话框，勾选"我同意许可协议"复选框，然后单击"完成"按钮，如图 2-16 所示。

图 2-16　接受许可证界面

　　下一步直接单击"前进"按钮，进入 Kdump 的配置界面，Kdump 是在系统崩溃、死锁或者死机的时候用来转储内存运行参数的一个工具和服务。打个比方，如果系统崩溃，那么正常的内核就没办法工作了，在这个时候由 Kdump 产生一个用于捕捉当前运行信息的内核，该内核会将此时内存中的所有运行状态和数据信息收集到一个 dump core 文件中。在此页面中直接单击"前进"按钮，如图 2-17 所示。

　　选择登录的账户，如果当前显示的用户不是要登录的账户，则单击"未列出"选项，如图 2-18 所示。

　　选择账户后进入输入密码界面，输入安装时设置的密码，单击"登录"按钮，如图 2-19 所示。

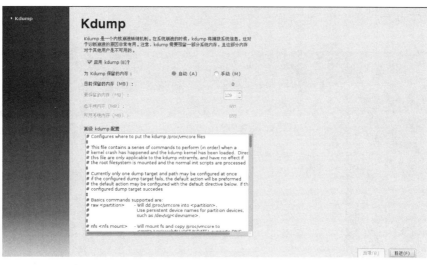

图 2-17　Kdump 设置界面

图 2-18　登录界面

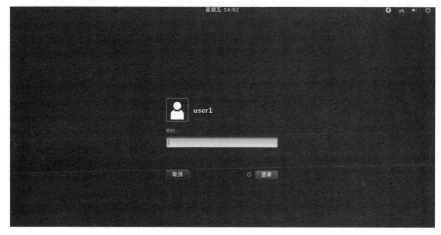

图 2-19　密码验证界面

进入系统桌面后会弹出欢迎界面，首先选择语言，如图 2-20 所示。

图 2-20　欢迎界面

根据向导一步一步进行设置，最后完成设置，如图 2-21 所示。

图 2-21　设置完成界面

单击 Start using CentOS Linux 按钮，登录系统后就是 CentOS 的图形界面了。

任务 4　了解 X–Window System

1. 什么是 X-Window System

X-Window System 是 1984 年由麻省理工学院（MIT）和 DEC 公司共同开发研究的运行在 UNIX 系统上的视窗系统。严格地说，X-Window System 并不是一个软件，而是一个协议，这个协议定义一个系统成品所必须具备的功能（就如同 TCP/IP、DECnet 或 IBM 的 SNA，这些也都是协议，定义软件所应具备的功能）。能满足此协议及符合 X 协会其他规范的系统便可称为 X。X-Window System 独有的网络通透性（Network Transparency）使其成为 UNIX 平台上的工业标准，现在 UNIX 的工作站或大型主机几乎都执行着 X-Window。

2．X-Window System 的基本结构

X-Window System 采用 C/S 结构，但和我们常见的 C/S 不同。在常见的 C/S 结构中，称提供服务的一方为 Server，即服务器端（如 HTTP 服务、FTP 服务等），使用服务的称为 Client，即客户端。但在 X-Window System 中，Client 是执行程序的一方，在上面执行各种 X 程序，而 Server 则是负责显示 Client 运行程序的窗口的一方。

（1）服务端（X Server）。

X Server 主要控制输入输出，维护字体、颜色等相关资源。它接受输入设备的输入信息并传递给 X Client，X Client 将这些信息处理后所返回的信息也由 X Server 负责输出到输出设备（即我们所见的显示器）上。X Server 传递给 X Client 的信息称为 Event，主要是键盘鼠标输入和窗口状态的信息。X Client 传递给 X Server 的信息则称为 Request，主要是要求 X Server 建立窗口、更改窗口大小位置或在窗口上绘图输出文字等。

（2）客户端（X Client）。

X Client 主要是完成应用程序计算处理的部分，并不接受用户的输入信息，输入信息都是输入给 X Server，然后由 X Server 以 Event 的形式传递给 X Client（这里感觉类似 Windows 的消息机制，系统接收到用户的输入信息，然后以消息的形式传递给窗口，再由窗口的消息处理过程处理）。X Client 对收到的 Event 进行相应的处理后，如果需要输出到屏幕上或更改画面的外观等，则发出 Request 给 X Server，由 X Server 负责显示。在 X-Window System 中，X Client 是与硬件无关的，它并不关心你使用的是什么显卡、什么显示器、什么键盘鼠标，这些只与 X Server 相关。

（3）Server 和 Client 之间的通信（X Protocol）。

X Protocol 就是 X Server 与 X Client 之间通信的协议了。X Protocol 支持现在常用的网络通信协议。Server 和 Client 通信的方式大致有两类，对应于 X 系统的两种基本操作模式。第一类，Server 和 Client 在同一台机器上执行，它们可以共同使用机器上任何可用的通信方式做互动式信息处理。在这种模式下，X 可以同其他传统的视窗系统一样高效工作。第二类，Client 在一台机器上运行，而显示器和 Server 则在另一台机器上运行。因此两者的信息交换就必须通过彼此都遵守的网络协议进行，最常用的协议为 TCP/IP。这种通信方式一般被称为网络透明性，这也几乎是 X 独一无二的特性。

X-Window System 运行过程如下：

（1）用户通过鼠标键盘对 X Server 下达操作命令。

（2）X Server 利用 Event 传递用户操作信息给 X Client。

（3）X Client 进行程序运算。

（4）X Client 利用 Request 传回所要显示的结果。

（5）X Server 将结果显示在屏幕上。

任务 5　打开 Linux 终端窗口

Linux 支持图形界面，用户可在图形界面下通过鼠标来方便地进行操作。但是，若希望将 Linux 作为一个服务器，而维护人员更多的是通过远程登录到服务器进行维护活动。这时，由于网络速度等因素的限制，使用命令方式进行系统的维护管理将更加方便、快捷。下面介绍进入终端窗口的方法。

【操作】

在 CentOS 的图形界面中，选择菜单栏中的"应用程序"，在展开的下级菜单中选择"工具"，然后在右边菜单中选择"终端"，即可打开终端窗口，如图 2-22 所示。

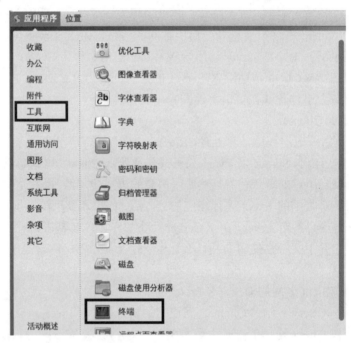

图 2-22　打开终端窗口界面

任务 6　设置 Linux 运行级别

系统安装完后，小张启动了系统，发现直接进入了图形界面。这是因为现在的 Linux 系统安装完后就运行在第 5 个级别，即系统启动后直接进入图形界面，而不用在字符模式下登录后用 startx 或者 xinit 来启动图形界面。目前需要把系统的默认运行等级设置在第 3 级，在字符终端登录后，再手工输入 startx 命令启动图形界面。

在完成任务之前，让我们先来了解一下 Linux 系统的过程和运行级别。

● 第一个阶段：内核的引导。

当计算机打开电源后，首先是 BIOS 开机自检，按照 BIOS 中设置的启动设备（通常是硬盘）来启动。操作系统接管硬件以后，受限读入/boot 目录下的内核文件。

- 第二个阶段：运行 init。

init 进程是系统所有进程的起点，没有这个进程，系统中任何进程都不会启动。init 程序首先是需要读取配置文件 /etc/inittab。

- 第三个阶段：系统初始化。

许多程序需要开机自启动，在 Windows 中叫做"服务"，在 Linux 中叫做"守护进程"。init 进程的一大任务就是去运行这些开机自启的程序。不同的场合需要启动不同的程序，Linux 允许为不同的场合分配不同的开机启动程序，这就叫做"运行级别"。Linux 系统有 7 个运行级别：

0：系统停机状态，系统默认级别不能设为 0，否则不能正常启动。

1：单用户工作状态，Root 权限，用于系统维护，禁止远程登录。

2：多用户状态（没有 NFS）。

3：完全多用户模式，登录后进入控制台命令行模式。

4：系统未使用。

5：登录后进入图形 GUI 模式。

6：系统重启，系统默认级别不能设为 6，否则不能正常启动。

- 第四个阶段：系统初始化。

主要完成的工作有激活交换分区、检查磁盘、加载硬件模块以及其他一些需要优先执行的任务。

- 第五个阶段：建立终端。

rc 执行完毕后，返回 init。这时基本系统环境已经设置好了，各种守护进程也已经启动了。init 接下来会打开 6 个终端，以便用户登录系统。在 inittab 中的以下 6 行就是定义了 6 个终端：

1:2345: respawn: /sbin/mingetty tty1

2:2345: respawn: /sbin/mingetty tty2

3:2345: respawn: /sbin/mingetty tty3

4:2345: respawn: /sbin/mingetty tty4

5:2345: respawn: /sbin/mingetty tty5

6:2345: respawn: /sbin/mingetty tty6

从上面可以看出在 2、3、4、5 的运行级别中都将以 respawn 方式运行 mingetty 程序，mingetty 程序能打开终端、设置模式。同时它会显示一个文本登录界面，这个界面就是我们经常看到的登录界面，在这个登录界面中会提示用户输入用户名，而用户输入的用户名将作为参数传给 login 程序来验证用户的身份。

- 第六个阶段：用户登录系统。用户输入用户名和密码登录系统。

【操作】

（1）用文本编辑器打开/etc/inittab 文件。

（2）修改文件内容，将

id:5:initdefault:

修改成：

id:3:initdefault:

（3）保存。

（4）重新启动。

```
# reboot
```

（5）启动后观察系统是否默认启动到字符界面。

说明：级别 3 默认不启动 X 图形界面服务，而运行级别 5 则默认启动。在任何运行级别，用户都可以用 init 命令来切换到其他运行级别。

任务7 在终端界面登录 Linux

对于运行级别为 5 的图形方式用户来说，他们的登录是通过一个图形化的登录界面。登录成功后可以直接进入 KDE、Gnome 等窗口管理器。而如果是使用纯文本界面（级别为 3）启动 Linux 主机，那么默认为 tty1 环境。

【操作】

（1）当我们看到登录界面时输入用户名。

```
byl login: root
```

（2）输入密码。

```
Password: 123456
```

（3）登录成功。

```
[root@byl ~]$
```

说明：Linux 的账号验证程序是 login，login 会接收 mingetty 传来的用户名作为用户名参数。然后 login 会对用户名进行分析，如果用户名不是 root，且存储在/etc/nologin 文件中，login 将输出 nologin 文件的内容，然后退出。这通常用于系统维护时防止非 root 用户登录。只有/etc/securetty 中登记了的终端才允许 root 用户登录，如果不存在这个文件，则 root 可以在任何终端上登录。/etc/usertty 文件用于对用户作出附加访问限制，如果不存在这个文件，则没有其他限制。

任务8 安装和配置 GRUB

GNU GRUB（简称 GRUB）是一个来自 GNU 项目的多操作系统启动程序。GRUB 是多启动规范的实现，它允许用户在计算机内同时拥有多个操作系统，并在计算机启动时选择希望运行的操作系统。GRUB 可用于选择操作系统分区上的不同内核，也可用于向这些内核传递启动参数。

1. 启动引导器 GRUB

系统启动引导管理器是在计算机启动后运行的第一个程序，是用来负责加载、传输控制到操作系统的内核，一旦把内核挂载，系统引导管理器的任务就算完成退出，系统引导的其他部分，比如系统的初始化及启动过程则完全由内核来控制完成。

GRUB 是引导装入器，负责装入内核并引导 Linux 系统。GRUB 还可以引导其他操作系统。尽管引导操作系统看上去是件平凡且琐碎的任务，但它实际上很重要。如果引导装入器不能很好地完成工作或者不具有弹性，那么就可能锁住系统，而无法引导计算机。另外，好的引导装入器更具灵活性，可在计算机上安装多个操作系统，而不必处理不必要的麻烦。

2. 安装 GRUB

GRUB 的一个重要的特性是安装它不需要依附一个操作系统，但是这种安装需要一个 Linux 副本。由于单独工作，GRUB 实质上是一个微型系统，通过链式启动的方式，它可以启动所有安装的主流操作系统。对于 Linux 的 GRUB，几乎所有的 Linux 主流发行版都有打包，如果安装了 Linux，并且在开机后出现 GRUB 字样，证明已经安装了 GRUB，而无需再次安装；如果没有安装 GRUB，可以用系统安装盘自带的 GRUB 软件包来安装，或者到相关发行版本的软件仓库下载后安装。

【操作】

（1）确认是否成功安装了 GRUB，命令如下：

```
[root@localhost ~]# grub
[root@localhost ~]# grub-install
```

（2）如果不能找到这两个命令，可能可执行程序的路径没有设置，可以用绝对路径。命令如下：

```
[root@localhost ~]# /usr/sbin/grub
[root@localhost ~]# /usr/sbin/grub-install
```

3. GRUB 命令提示

GRUB 包含了许多不同的命令，它们可以在命令行接口中以交互的方式执行。其中的一些命令能够接在命令名后面的选项，这些选项用空格隔开。下面给出了一些最有用的命令。

● boot：引导先前已经被指定并载入的操作系统或链式装载程序。

● chainloader：将指定的文件作为一个链式装载程序载入。为了获取在一个指定分区第一扇区内的文件，使用+1 作为文件名。

● displaymem：显示当前内存的使用情况，这个信息是基于 BIOS 的。这个命令有助于确定系统在引导前有多少内存。

● initrd：使用户能够指定一个在引导时可用的初始 RAM 盘。当内核为了完全引导而需要某些模块时，这是必需的。

● install p：安装 GRUB 到系统的主引导记录。这个命令允许系统重启时出现 GRUB 接口。警告：install 命令将覆盖主引导扇区中的其他信息。如果命令被执行，那么除了 GRUB 信息之外的其他用于引导其他操作系统的信息都将丢失。在执行这条命令前，确定你对它有正确的了解。

● kernel：当使用直接载入方式引导操作系统时，kernel 命令指定内核从 GRUB 的根文件系统中载入。比如：

```
kernel /vmlinuz root=/dev/hda5
```

vmlinuz 是内核。它从 GRUB 的根文件系统载入，如(hd0,0)。同时，后面一个选项被传给内核。它指出当 Linux 内核载入时，内核的根文件系统应该是位于 hda5，即第一个 IDE 硬盘的第五个分区。

● root：将 GRUB 的根分区设置成特定的设备和分区，比如(hd0,0)，并挂入这个分区，这样文件可以被读取。

● rootnoverify：做 root 命令同样的事情，只是不挂入分区。

除上面所述外，还有更多的命令可用。输入 info grub，得到一个所有命令的完全列表。

4. 配置 GRUB

GRUB 启动时会在 /boot/grub 中寻找一个名字为 grub.conf 的设置文件，如果找不到此设置文件则不进入菜单模式而直接进入命令行模式。grub.conf 是 GRUB 的配置文件，其结构比较简单，可以分为两部分：一部分是全局配置，另一部分就是每个操作系统的启动配置。其中可以有多个操作系统的菜单配置。

grub.conf 是一个纯文本文件，可以用任何一个文字编辑器来打开它。每一行代表一个设置命令，如果一行的第一个字符为"#"号，则这一行为注释，可以简单地用增加或减少注释行来改变设置。

【操作】

（1）用 Vi 打开 grub.conf。

[root@localhost ~]# vi grub.conf

（2）编辑内容。

```
default=0
timeout=10
splashimage=(hd0,6)/grub/splash.xpm.gz
title CentOS Linux 7-x86
        root (hd0,0)
        kernel /vmlinuz-2.4.20-8 ro root=LABEL=/
        initrd /initrd-2.4.20-8.img
        timeout second
```

- default=0：默认项目的标题名称。如果菜单接口超时，那它将被载入，default=0 默认启动菜单第 1 行的操作系统。
- timeout=10：在 GRUB 载入由 default 命令指定的项目前的时间间隔为 10 秒。
- splashimage：指定了开机画面文件 splash.xpm.gz 的位置。
- title：启动菜单项的名称为 CentOS Linux 7-x86。
- root：设置 GRUB 的根设备（root）为 Linux 内核所在分区。
- hd0：是指第一个硬盘（主硬盘），(hd0,0)是指第一个硬盘的第一个分区。
- kernel /vmlinuz：加载 Linux 内核文件，指出 Linux 内核的路径在/vmlinuz 中。
- initrd：加载镜像文件。

（3）除此之外，还可以根据需要设置附加选项。

- color：设定在菜单中使用的颜色，GRUB一种是作为前景色，一种是作为背景色。可以简单地使用颜色名称。
- fallback：当这个命令被使用时，如果第一次尝试失败，那么这个项目的标题名称将被使用。
- hiddenmenu：这个命令被使用时，它不显示 GRUB 菜单接口，在超时时间过期后载入默认项。用户通过按 Esc 键可以看到标准的 GRUB 菜单。
- 字符#：用来在菜单配置文件放置注释。
- password：这个命令被使用时，它可以防止不知道口令的用户编辑菜单的项目。

作为附加选项，可以在后面指定一个后备的菜单配置文件。因此，如果口令被知道，GRUB 将重新启动第二步的引导装载程序，并使用这个后备的配置文件来建立菜单。如果这个后备文件不在命令中指出，那么知道口令的用户能够编辑当前的配置文件。

任务 9　使用系统服务管理工具 systemd 管理服务

CentOS 7 版本的 Linux 系统使用了 systemd 管理机制，它是一个用户级的应用程序，包含一个完整的软件包，其配置文件在/etc/systemd 目录下，它不仅能够完成系统的初始化工作，还能对系统和服务进行管理，例如启动、停止、重启、查看、禁止和启用服务。systemd 的特性如下：

（1）基于 socket 的激活机制，systemd 为支持此机制的服务监听 socket，当接收到来自客户端的 socket 通信时，由 systemd 激活对应的服务，应答客户端的请求。

（2）基于 device 的激活机制，当有设备接入到系统时，systemd 会自动激活 device、mount、automount 等 unit 来识别、挂载、接入对应的设备。

（3）基于 path 的激活机制，当某个文件路径变得可用时或路径出现相应的文件时，激活相应的服务。

（4）按需激活进程。

（5）基于依赖关系定义了服务控制逻辑。

（6）基于 bus 的激活机制。

（7）系统引导时，其服务的启动是并行的。

【操作】

（1）使用 sysemctl　start 命令可以启动 Apache HTTP 服务器。

\# sysemctl start httpd.service

（2）已知 HTTP 服务已经处于运行状态，使用 sysemctl try-start 重启 HTTP 服务。

\# sysemctl　try-start　httpd.service

（3）使用 sysemctl　reload 命令重新加载配置文件。

\# sysemctl reload　　httpd.service

（4）使用 sysemctl　stop 命令停止 Apache HTTP 服务器。

\# sysemctl　stop　httpd.service

（5）使用 sysemctl restart 命令重启 Apache HTTP 服务器。

说明：无论服务器是否已经运行，都可以用 restart 选项重启服务器。

\# sysemctl　restart　httpd.service

（6）使用 sysemctl　enable 命令设置 HTTP 服务开机启动。

\# sysemctl　enable　httpd.service

（7）使用 sysemctl　status 命令查看 HTTP 服务开启的状态。

\# sysemctl　status　httpd.service

（8）使用 sysemctl　disable 命令关闭 HTTP 服务。

\# sysemctl　disable　httpd.service

项目总结

本项目涵盖的知识点为 Linux 系统的安装及相关配置、X-Window System 的概念和基本结构、GRUB 的安装和配置，其中详细介绍了 Linux 安装准备的工作和安装过程。本项目安装的是 CentOS 7.0 版本的 Linux 操作系统，具体安装过程同样适用于其他版本的 Linux 操作系统。

思考与练习

一、选择题

1. IDE 硬盘在 Linux 系统中表示为（　　　）。
   A. /dev/hd　　　　B. /dev/sd　　　　C. /dev/fd　　　　D. /dev/lp
2. IDE1 接口主硬盘第一个逻辑分区在 Linux 系统中表示为（　　　）。
   A. /dev/hdb1　　　B. /dev/hda1　　　C. /dev/hda5　　　D. /dev/hdb5
3. Linux 的根分区系统类型是（　　　）。
   A. FAT16　　　　B. FAT32　　　　C. ext3　　　　D. NTFS

二、填空题

1. 安装 Linux 操作系统，最简单、方便的安装方法是＿＿＿＿＿＿＿＿。
2. 要安装 CentOS，至少要有＿＿＿＿＿＿和＿＿＿＿＿＿两个分区。
3. SCSI、SATA和便携设备在Linux系统中表示为＿＿＿＿＿＿＿＿。

三、简答题

1. Linux 操作系统在安装前要做什么准备工作？
2. 你是怎样理解 Linux 操作系统的硬件与硬件代号的？
3. Linux 分区怎么表示与使用？

技能实训

实训：Linux（CentOS 7）安装准备

一、实训描述

（1）公司新购了一台计算机，现要求维护部的人员查看该计算机硬件的信息并填写表格备案。

（2）公司要求将此计算机重新安装 Linux 系统，并且要求规划硬盘分区。

二、实训步骤

（1）单击"开始"→"控制面板"→"系统"命令，在打开的窗体中可以查看相关的计算机配置信息，按照表 2-4 所示的内容将此计算机的信息填写完整。

表 2-4　新购计算机系统配置信息单

硬件类型	型号	备注
CPU		
硬盘（空间、接口类型）		
显卡		
鼠标		
键盘		
网卡		
声卡		
内存（大小）		

（2）CentOS 系统对应目录的作用及其单独挂载一个分区的建议空间大小参见表 2-5。

表 2-5　建议分区配置

目录（分区）	在 Linux 中的主要作用	建议大小	备注
/boot	存放启动文件	128MB	大多数情况不用单独分区
/usr	安装软件存放位置	2.5GB	安装软件较多时可以单独分区
/home	视用户多少而定	视用户多少而定	如果提供 SAMBA 服务，用户较多，空间相应较大，建议单独分区
/var	存放临时文件	256MB	如果提供邮件服务则要有几个 GB 的空间
SWAP	交换分区	实际内存的 2 倍	
/	根目录	256MB	最好把剩下的空间全部划分给"/"分区

划分分区的时候可以采用自动分区，也可以采用手动分区。但是在很多时候，自动磁盘分区是不安全的。如果采用手动分区，可遵循以下规则：

1）首先考虑"/"分区空间以外的空间要求情况，然后把剩下的空间全部划分给"/"分区。

2）系统数据和普通用户数据分离放置于不同的分区。

3）一个实际系统中至少要创建单独的 home 分区。

根据以上原则进行分区规划，填写表 2-6 和表 2-7。

表 2-6　服务器规划表

目录	空间大小	备注

表 2-7　公司个人计算机规划

目录	空间大小	备注

项目三
使用 Linux 命令进行常规操作

学习目标

- 掌握 Linux 命令规则。
- 能够用命令操作 Linux 目录文件。
- 能够用命令管理 Linux 系统信息。
- 能够用命令管理 Linux 进程。

项目背景

小张将新购的计算机全部安装了 Linux 操作系统。下一步经理要求他使用 Linux 命令进行文件管理、目录管理、进程管理与作业控制。小张表示很疑惑，Linux 不是有图形界面吗，为什么要学习命令呢？

经理告诉他："在 UNIX 的发展早期，类 UNIX 操作系统没有图形界面，只有像 DOS 那样的命令行工作模式。后来随着 GUI 的发展，为了方便用户使用才开发了 GUI 图形环境。虽然图形用户界面操作简单直观，但是命令行操作方式仍然沿用至今，并且依然是 Linux 系统管理员进行系统配置与管理的首选方式。因此，对于 Linux 的系统管理员来说，应该熟练掌握 Linux 的常用操作命令。"

任务 1　熟悉 Linux 命令基本语法

Linux 命令几乎可以实现所有的系统操作。虽然现在许多 Linux 系统版本都搭载了图形化的工作界面，但在 Linux 环境中使用 Linux 命令可以极大地提高开发效率。

1. 命令格式

Linux 系统中的命令遵循如下基本格式：

```
command [options] [arguments]
```

command：命令的名称。

options：选项，以"-"开始，它定义了命令的执行特性。

arguments：命令作用的对象。

需要注意的是，options 可分为长选项和短选项。短选项为单字符，选项前使用一个减号"-"，长选项为多个字符的组合，选项前使用两个减号"--"。长选项只能单个使用，而短选项可以组合使用，例如"ls -la"。

2. 命令使用规则

（1）Linux 命令与参数区分大小写。

（2）Linux 命令通常不使用长选项。

（3）某些特殊情况下，Linux 命令中的选项和参数可以省略。

（4）操作参数可以是文件，也可以是目录，有些命令必须使用多个操作参数。

（5）最简单的命令只有命令名，复杂的 shell 命令可以有多个参数。

任务 2 定位文件和目录

1. 显示用户所在的位置

pwd 命令显示用户所在的位置。

【操作】

```
[root@localhost ~] # pwd
/root
```

在 Linux 文本环境下，在命令前的"root@localhost ~ #"中，root 表示登录用户名，localhost 代表计算机名，而计算机名后边表示的是用户当前目录，最后的字符为命令提示符。Linux 操作系统默认是使用普通用户账号登录系统，默认的命令提示符为"$"。如果使用 root（即超级用户账号）登录系统，则默认的命令提示符为"#"。

提示：本书将采用 root 用户登录系统。

2. 改变工作目录

在使用 cd 命令进入某个目录时，用户必须具有对该目录的读权限。

【操作】

（1）改变当前所处的目录。用户当前处于/root 目录，想进入/etc 目录。

```
[root@localhost ~] # cd /etc
[root@localhost /etc] # pwd
/etc
```

要注意 cd 后的空格。

（2）回到用户主目录。

```
[root@localhost ~] # cd ~
[root@localhost ~]# pwd
/root
```

返回到用户主目录也可以直接执行命令 cd。

（3）返回上级目录。

```
[root@localhost ~] # cd ..
```

```
[root@localhost ~] # pwd
/
```

在 Linux 中，有 4 个特殊符号表示的目录，如下：

- 一个点（.）：表示当前工作目录。
- 两个点（..）：表示当前工作目录的上一层目录。
- ~：表示当前用户的 Home 目录。
- /：表示根目录。

root 用户的主目录是"/root"，其他一般用户的主目录默认在"/home"下。例如，student 用户的默认主目录为"/home/student"。

如果要在最近工作过的两个目录间切换，可以执行命令"cd -"。

3. 在硬盘上查找文件

find 命令是 Linux 中功能最为强大，使用较为复杂的命令。find 命令的使用格式如下：

```
find [<路径>] [匹配条件]
```

（1）路径：希望查询文件或文件集的目录列表，目录间用空格分隔。

（2）匹配条件：希望查询的文件的匹配标准或说明。

匹配条件常用命令选项如下：

- -name：按照文件名来查找文件。
- -perm：按照文件权限来查找文件。
- -prune：使用这一选项可以使 find 命令不在当前指定的目录中查找，如果同时使用 -depth 选项，那么-prune 将被 find 命令忽略。
- -user：按照文件属主来查找文件。
- -group：按照文件所属的组来查找文件。
- -mtime -n +n：按照文件的更改时间来查找文件，- n 表示文件更改时间距现在 n 天以内，+n 表示文件更改时间距现在 n 天以前。find 命令还有-atime 和-ctime 选项，也可以按照属性查找文件，与-mtime 选项不同的是，它们分别对应的是"是近一次访问时间"和"最近一次属性修改时间"。
- -nogroup：查找无有效所属组的文件，即该文件所属的组在/etc/groups 中不存在。
- -nouser：查找无有效属主的文件，即该文件的属主在/etc/passwd 中不存在。
- -newer file1 ! file2：查找更改时间比文件 file1 新但比文件 file2 旧的文件。
- -type b/d/c/p/l/f：查找块设备文件、目录、字符设备文件、管道文件、符号链接文件、普通文件。
- -size n[c]：查找文件长度为 n 块的文件，带有 c 时表示文件长度以字节计。
- -depth：在查找文件时，首先查找当前目录中的文件，然后再在其子目录中查找。

【操作】

（1）从根目录开始查找文件名为 passwd 的文件。

```
[root@localhost ~] # find / -name passwd
```

（2）查找/usr 目录下前 10 天访问过的文件（仅第 10 天这一天）。

```
[root@localhost ~] # find /usr -atime +10
```

（3）查找/usr 目录下前 10 天之后访问过的文件。

```
[root@localhost ~] # find /usr -atime -10
```

（4）列出当前目录下所有扩展名是".doc"的文件。

[root@localhost ~]# find -name "*.doc"

如果查找目录为空，则在当前目录下查找。

当要查找某个文件时，如果不知道该文件的全名，可以使用通配符"*""?"进行模糊查找，其中"?"表示单个任意字符，"*"表示多个任意字符。

（5）查找目录/etc、/home下文件尺寸小于4KB的文件。

[root@localhost ~] # find /etc /home -size -4k

find命令可接受的文件尺寸单位有字节（c）、块（b，512字节）、k（k，1024字节）等。与通过访问时间查找类似，如果要查找文件尺寸大于4KB的文件使用选项"+4k"。

4. 定位文件或目录

与find命令相比，locate命令是从数据库中查找，而不是每次搜索文件系统。因为是从数据库中查找，locate命令的执行速度远远快于find命令。但是，使用locate命令查找的结果仅仅是在当前数据库，而且可能会没有find准确。locate命令的格式如下：

locate　　选项　　文件名

常用命令选项如下：

- -f：将特定的文件系统排除在外。例如我们没有道理要把proc文件系统中的文件放在数据库中。
- -q：安静模式，不会显示任何错误信息。
- -n：至多显示n个输出。
- -r：使用正规运算式作查找的条件。
- -o：指定数据库的名称。
- -d：指定数据库的路径。
- -h：显示辅助信息。
- -v：显示程序的版本信息。

【操作】

查找 apt.conf 文件。

[root@localhost ~] # locate apt.conf

任务3　浏览文件和目录

1. 显示用户当前目录或指定目录的内容

ls命令可以列出当前目录的内容，dir命令是ls命令的一个别名。ls命令的格式如下：

ls　[选项]　目录或文件名

其中各选项意义如下：

- -a：-all列出目录下的所有文件，包括以"."开头的隐含文件。
- -A：同-a，但不列出"."（表示当前目录）和".."（表示当前目录的父目录）。
- -c：按文件的最后修改时间排序。
- -C：分成多列显示。
- -d：将目录像文件一样显示，而不是显示其下的文件。

- -f：对输出的文件不进行排序，-aU 选项生效，-lst 选项失效。
- -l：除了文件名之外，还将文件的权限、所有者、文件大小等信息详细列出来。
- -R： -recursive 同时列出所有子目录层。
- -s： -size 以块大小为单位列出所有文件的大小。
- -t：以文件修改时间排序。

在 ls 命令中还可以使用通配符"*""？"。这样可以使用户很方便地查找特定形式的文件和目录。如果不指定目录，将显示当前目录的内容，否则显示指定目录的内容。

【操作】

（1）输出根目录下文件或目录的详细信息。

```
[root@localhost /] # ls -l
总用量 84
drwxr-xr-x 2 root root 4096 2007-05-19 05:00 bin
drwxr-xr-x 3 root root 4096 2007-05-19 05:45 boot
lrwxrwxrwx 1 root root 11 2007-05-19 04:26 cdrom -> media/cdrom
drwxr-xr-x 12 root root 13720 2007-07-20 23:55 dev
…
```

解释：

| 第一组 | 第二组 | 第三组 | 第四组 | 第五组 | 第六组 | 第七组 |
| [文件模式] | [连接数] | [拥有者] | [所有者组] | [大小] | [建立日期] | [文件/目录名] |

这个结果提供了许多细节信息，共 7 组，各组之间使用空格分开。

- 第一组为文件模式。文件模式中第一位代表文件类型，其余 9 位用于三组不同用户的三组权限。

提示：在文本模式下，Linux 的文件类型由第一组的第一列表示。

① 为"d"则是目录。

② 为"-"则是文件。

③ 若是"1"则表示为链接文件（link file），Linux 链接文件简单理解类似于 Windows 系统的快捷方式。

④ 若是"b"则表示为块设备文件。

⑤ 若是"c"则表示为字符设备文件。

另外，在文本模式下，Linux 的文件类型也可以由显示的颜色决定。

① 蓝色文件：目录。

② 白色文件：一般性文件，如文本文件、配置文件、源码文件等。

③ 浅蓝色文件：链接文件，主要是使用 ln 命令建立的文件。

④ 绿色文件：可执行文件、可执行的程序。

⑤ 红色文件：压缩文件或者包文件。

- 第二组为连接数。对文件而言，此数表示该文件在系统中保存的备份数，通常为 1；对目录而言，表示的是该目录中的子目录数（包括隐藏目录）。
- 第三组即拥有者名。指出该文件或目录是属于哪个用户的。
- 第四组即所有者组名。指出该用户所属组名。
- 第五组即文件大小。指出该文件或目录占用的字节数。

● 第六组即最后修改日期和时间。说明文件最后一次修改或创建的日期和时间。

● 第七组即文件名。为文件或目录的真实名字。

注意： 与其他操作系统如 Windows 相比，Linux 最大的不同是，它并没有扩展名的概念，即文件的名称和该文件类型没有直接的关联。Linux 文件名可以没有扩展名，有时加上扩展名也只是方便用户辨析文件的类型，而对 Linux 系统本身没有实际意义。例如，feisty.exe 可以是文本文件，也可以是类似 Windows 命名规则的可执行文件，而文件名为 feisty 的文件可以是可执行文件、文本文件或者其他类型文件。

（2）列出当前目录下的所有文件（包括隐含文件）。

```
[root@localhost ~] # ls -a
.                 .evolution       .ICEauthority      .openoffice.org2
..                .gconf           .java              .profile
.aptitude         .gconfd          .kde               .qt
.bash_history     .gimp-2.2        .lesshst           .recently-used
…
```

Linux 系统的隐含文件的文件名以"."开头。

（3）列出目录下所有文件或目录的详细信息。

```
[root@localhost ~] # ls -la
drwxr-xr-x 35 root root 4096 2007-07-01 16:16 .
drwxr-xr-x 21 root root 4096 2007-07-01 15:51 ..
drwx------ 2 root root 4096 2007-06-24 20:03 .aptitude
drwxr-xr-x 2 root root 4096 2007-06-11 21:09 Desktop
-rw------- 1 root root 47 2007-05-19 16:35 .dmrc
drwxr-xr-x 2 root root 4096 2007-06-03 16:00 Downloads
…
```

（4）列出子目录下的所有文件。

```
[root@localhost ~] # ls -R
.:
Desktop Downloads
./Desktop:
Arland Catalogue1.xls Screenshot-Index
./Downloads:
```

对于每个目录都显示对应目录下的内容。

2. 查看文件的开头部分

head 命令用来查看文件的开头部分，但只限于查看文件的前几行，看不到文件实际上有多长。按照默认设置，只能阅读文件的前 10 行。命令格式如下：

```
head   [-n   number]  文件
```

-n：后面接数字，代表显示几行的意思。

【操作】

查看文件/etc/profile 的前 5 行。

```
[root@localhost ~] # head -5 /etc/profile
# /etc/profile: system-wide .profile file for the Bourne shell (sh(1))
# and Bourne compatible shells (bash(1), ksh(1), ash(1), ...).
if [ "$PS1" ]; then
```

if ["$BASH"]; then

3. 查看文件结尾部分

在默认状态下，F、tail 命令用于查看文件结尾的 10 行，与 head 命令恰恰相反。该命令有助于通过查看日志文件的最后 10 行来阅读重要的系统消息，还可以使用 tail 命令来观察日志文件被更新的过程。命令格式如下：

tail [-n number] 文件

其中各参数意义如下：

- -n：后面接数字，代表显示几行的意思。
- -f：表示持续侦测后面所接的文件名，要等到按下 Ctrl+C 组合键才会结束 tail 的侦测。

【操作】

（1）即时观察/var/log/messages 的变化。

[root@localhost ~] # tail -f /var/log/messages

使用此命令，/var/log/messages 文件内容出现变化将马上在屏幕上显示出来。

（2）显示文件/etc/profile 最后 4 行。

[root@localhost ~] # tail -4 /etc/profile

4. 合并文件或者显示文件的内容

cat（concatenate，合并文件）命令可以显示文件的内容，或者是将多个文件合并成一个文件。命令格式如下：

cat　选项　文件名

其中各选项意义如下：

- n 或--number：由 1 开始对所有输出的行数编号。
- -b 或--number-nonblank：和-n 相似，只不过对空白行不编号。
- -s 或--squeeze-blank：当遇到有连续两行以上的空白行时就代换为一行的空白行。
- -v 或--show-nonprinting：使用^和 M-符号，除了 LFD 和 Tab 之外。
- -E 或--show-ends：在每行结束处显示$。
- -T 或--show-tabs：将 Tab 字符显示为^I。
- -e：等价于-vE。
- -A, --show-all：等价于-vET。
- -e：等价于-vE 选项。
- -t：等价于-vT 选项。

【操作】

（1）使用 cat 命令阅读短文。

[root@localhost ~] # cat /etc/profile

（2）建立两个文件并重定向到 file1 与 file2。

[root@localhost ~] # cat > file1
hello , student!

首先进入 cat 编辑环境，输入"hello, student!"后，按 Ctrl+D 组合键结束输入，输入文本并保存到文件 file1。

[root@localhost ~] # cat > file2
This is great

继续建立文件 file2，按 Ctrl+D 组合键结束输入。

提示： 重定向就是使系统改变它所认定的标准输出（通常为显示设备），或者改变标准输出的目标。要重定向标准输出，使用 ">" 符号（输出重定向）。例如，把 ">" 符号放在 cat 命令之后（或在任何写入标准输出的工具程序和应用程序之后），会把它的输出重定向到跟在符号之后的文件中。输出重定向也可以使用 ">>" 符号把输出结果追加到已有文件的后部。

（3）追加 file2 文件到 file1。

```
[root@localhost ~] # cat file2 >> file1
[root@localhost ~] # cat file1
hello , student!
This is great
```

（4）合并 file2 与 file1 文件到 file3。

```
[root@localhost ~] # cat file2 file1
This is great
hello , student!
This is great
[root@localhost ~] # cat file2 file1 > file3
[root@localhost ~] # cat file3
This is great
hello , student!
This is great
```

注意： 使用输出重定向符 ">" 与没有使用输出重定向符的区别。

5．显示文件的内容

more 命令一般用于要显示的内容会超过一个屏幕的情况下。为了避免画面显示时瞬间就闪过去，可以使用 more 命令，让画面在显示满一页时暂停，按空格键可继续显示下一个画面，按 B 键就会返回（back）上一页显示，按 Q 键停止显示。命令格式如下：

```
more    [选项]  文件
```

其中各选项意义如下：

- -num：一次显示的行数。
- -d：提示使用者，在画面下方显示 [Press space to continue, 'q' to quit.]，如果使用者按错键，则会显示 [Press 'h' for instructions.]。
- -l：取消遇见特殊字等^L 时会暂停的功能。
- -f：计算行数时，以实际上的行数而非自动换行过后的行数（有些单行字数太长的会被扩展为两行或两行以上）为准。
- -p：不以卷动的方式显示每一页，而是先清除屏幕内容后再显示内容。
- -c：跟 -p 相似，不同的是先显示内容再清除其他旧数据。
- -s：当遇到有连续两行以上的空白行时就代换为一行的空白行。

【操作】

（1）显示/etc/profile 文本文件的内容。

```
[root@localhost ~] # more /etc/profile
```

在显示满一屏时暂停，此时可按空格键继续显示下一屏，不像 cat 命令那样对不能一屏显示的就一闪而过到最后一屏。

（2）当用 ls 命令查看文件列表时，如果文件太多，则可配合 more 命令使用。

```
[root@localhost ~] # ls -al |more
```

以长格形式显示当前目录下的文件列表，显示满一屏便暂停，可按空格键继续显示下一屏内容，或按 Q 键退出。

提示：符号"|"表示管道，作用为连接上下两个命令，简单理解就是把上一个命令执行的结果传送到下一个命令。

任务4　搜索文件内容

搜索文件内容可以使用 grep 命令，该命令的功能是在文件中查找指定的字符串。grep 除了可以查找固定的字符串，还可以使用较为复杂的匹配模式。要实现复杂的匹配模式，需要使用如下表达符号：

- ?：匹配字符串中的一个字符。
- *：匹配任意字符。
- *：匹配"*"字符。
- \?：匹配"?"字符。
- \)：匹配")"字符。

命令格式：

```
grep 参数 查找条件 文件名
```

其中各参数意义如下：

- -c：只输出匹配行的计数。
- -I：不区分大小写，只适用于单字符。
- -l：查询多文件时只输出包含匹配字符的文件名。
- -n：显示匹配行及行号。
- -s：不显示不存在或无匹配文本的错误信息。
- -v：显示不包含匹配文本的所有行。

【操作】

（1）搜索 profile 文件中包含字符串"then"的行并输出。

```
[root@localhost ~] # grep then /etc/profile

    if [ "$PS1" ]; then
    i if [ "$BASH" ]; then
    if [ -f /etc/bash.bashrc ]; then
        if [ "'id -u'" -eq 0 ]; then
```

（2）搜索 profile 文件中包含字符串"then"的行并显示对应行数。

```
[root@localhost ~]    # grep -n then /etc/profile

4:    if [ "$PS1" ]; then
5:        if [ "$BASH" ]; then
7:        if [ -f /etc/bash.bashrc ]; then
11:            if [ "'id -u'" -eq 0 ]; then
```

显示结果说明在/etc/profile 文件的 4、5、7、11 行包含 then 字符串。

任务 5　用命令操作文件和目录

1. 复制文件或目录

cp 命令用来复制文件或目录。

命令格式：

cp　[选项]　源文件或目录　目标文件或目录

选项参数说明：

- -a：通常在复制目录时使用，它保留链接、文件属性，并复制目录下的所有内容。其作用等于 dpR 参数组合。
- -d：复制时保留链接。这里所说的链接相当于 Windows 系统中的快捷方式。
- -f：覆盖已经存在的目标文件而不给出提示。
- -i：与-f 选项相反，在覆盖目标文件之前给出提示，要求用户确认是否覆盖，回答"y" 时目标文件将被覆盖。
- -p：除复制文件的内容外，还把修改时间和访问权限也复制到新文件中。
- -r、-R：若给出的源文件是一个目录文件，此时将复制该目录下所有的子目录和文件。
- -l：不复制文件，只生成链接文件。

【操作】

（1）复制文件/etc/profile 到当前目录。

[root@localhost ~] # cp /etc/profile .

（2）复制/etc/apt 目录下所有的内容（包括所有子目录）到当前目录。

[root@localhost ~] # cp - R /etc/apt .

（3）使用通配符复制 etc 目录下 mail 开头的所有文件到当前目录。

[root@localhost ~] # cp /etc/mail* .

注意：在上面的命令中，目标位置用一个点 "." 表示当前工作目录。

2. 生成一个空文件或修改文件的存取/修改的时间记录值

touch 命令用于修改文件或者目录的时间属性，包括存取时间和更改时间。若文件不存在，系统会建立一个新的文件。

命令格式：

touch　[选项]　文件

选项参数说明：

- -a：改变文件的读取时间记录。
- -m：改变文件的修改时间记录。
- -c：若目标文件不存在，不会建立新的文件。与--no-create 的效果一样。
- -f：不使用，是为了与其他 UNIX 系统的兼容性而保留。
- -r：使用参考文件的时间记录，与--file 的效果一样。
- -d：设定时间与日期，可以使用各种不同的格式。
- -t：设定文件的时间记录，格式与 date 指令相同。

【操作】

（1）将当前的文件时间修改为系统的当前时间。

[root@localhost ~] # touch *

```
[root@localhost ~] # ls
```
（2）新建文件。
```
[root@localhost ~] # touch test
[root@localhost ~] # ls
-rw-r—r-- 1 root root 0 2007-07-13 18:10 test
```
提示：若文件存在，则修改为系统的当前时间；若文件不存在，则生成一个当前时间的空文件。

（3）将 test 文件的日期改为 20070710。
```
[root@localhost ~] # touch -d 20070710 test
[root@localhost ~] # ls
-rw-r—r-- 1 jenod jenod 0 2007-07-10 00:00 test
```

3．移动文件

mv 命令可以将文件及目录移到另一目录下，或更改文件及目录的名称。

命令格式：

mv　[选项]　源文件或目录　目标文件或目录

选项参数说明：

● 　-i：若指定目录已有同名文件，则先询问是否覆盖旧文件。

● 　-f：在 mv 操作要覆盖某已有的目标文件时不给出任何指示。

【操作】

（1）将 test 文件移动至上层目录。
```
[root@localhost ~] # mv test ../
```
（2）将 profile 改名为 profile.back。
```
[root@localhost ~] # mv profile profile1.back
```

4．删除文件和目录

使用 rm 命令可以删除文件或目录。

命令格式：

rm　[选项]　文件

选项参数说明：

● 　-i：删除前逐一询问确认。

● 　-f：即使原文件属性设为只读，也直接删除，无需逐一确认。

● 　-r：将目录及其下文件逐一删除。

【操作】

（1）删除文件主目录下的 profile 文件。
```
[root@localhost ~] # rm profile
```
（2）删除文件主目录下的 file2 文件时给出提示。
```
[root@localhost ~] # rm -i file2
```
rm：是否删除一般文件 file2？

（3）递归删除目录。
```
[root@localhost ~] # rm -r apt
```
上述命令将删除 apt 目录及其下所有文件与目录。

（4）强制递归删除目录。
```
[root@localhost ~] # rm -rf apt
```

不给出提示直接删除 apt 目录下的文件与 apt 目录。

5. 创建目录

通过 mkdir 命令可以实现在指定位置创建以 DirName（指定的文件名）命名的文件夹或目录。要创建文件夹或目录的用户必须对所创建的文件夹的父文件夹具有写权限。并且，所创建的文件夹（目录）不能与其父目录（即父文件夹）中的文件重名，即同一个目录下不能有同名的文件（区分大小写）。

命令格式：

mkdir　[选项]　目录

选项参数说明：

- -m,--mode：模式，设定权限<模式>（类似 chmod），默认是 0777。
- -p,--parents：可以是一个路径名称。此时若路径中的某些目录尚不存在，加上此选项后，系统将自动建立好那些尚不存在的目录，即一次可以建立多个目录。
- -v,--verbose：每次创建新目录都显示信息。
- --help：显示此帮助信息并退出。
- --version：输出版本信息并退出。

【操作】

（1）在当前目录下建立新目录 dir1。

[root@localhost ~] # mkdir dir1

（2）若当前目录下无 book 目录，则在当前目录下创建 book/Linux 子目录。

[root@localhost ~] # mkdir book/Linux
mkdir: 无法创建目录'book/Linux': No such file or directory
[root@localhost ~] # mkdir -p /book/Linux
[root@localhost ~] # ls
book jenod?

一次创建多层目录要加上-p 参数。

6. 删除目录

rmdir 命令用来删除目录，加上-p 参数表示如果删除一个目录后其父目录为空，则将其父目录一同删除。

命令格式：

rmdir　[选项]　目录

选项参数说明：

- -p：递归删除目录 dirname，当子目录删除后其父目录为空时，也一同被删除。如果整个路径被删除或者由于某种原因保留部分路径，则系统在标准输出上显示相应的信息。
- -v,--verbose：显示指令执行过程。
- --version：输出版本信息并退出。

【操作】

（1）删除目录。

[root@localhost ~] # rmdir dir1

（2）删除当前目录下的 book/Linux 子目录，如果 book 目录为空，也删除该目录。

[root@localhost ~] # rmdir -p book/Linux

book 目录不为空则保留 book 目录。

任务6　用命令管理系统

1. 文本环境系统登录

login 命令可用于注销当前的登录账户，更换其他用户名进行登录。当然也可以指定相应的账号登录。

命令格式：

login　[选项]　[参数]

选项参数说明：

- -p：登录时保持现在的环境。
- -h：指定远程计算机名称。
- -f：指定用户名称。

【操作】

使用 login 登录 user2 账户。

在当前账户（root）中输入 login，系统会自动注销 root，并重新给出登录账号字符串，再根据提示输入您其他用户名和密码。账号密码验证正确，即可登录 kwxgd 这个账户。

[root@localhost ~] # login

2. 关机

执行 shutdown 命令时，每个用户都会收到一条信息，从中可以得到关机的最后期限。一般只有 root 账号才有权执行此命令。

命令格式：

shutdown [选项] [参数]

选项参数说明：

- -a：指定权限。
- -r：重启计算器（和 reboot 命令一样）。
- -k：模拟关机（只向用户发出警告信息，但不关机）。
- -h：关闭计算机并关闭电源（常用）。
- -n：不调用 init 进程关闭计算机（不推荐）。
- -c：取消正在执行的关机命令。
- -f：重启计算机，但不进行磁盘检测。
- -F：重启计算机，进行磁盘检测。
- -t：指定发出警告信息与删除信息时要延迟的秒数。

【操作】

（1）立即关机。

[root@localhost ~] # shutdown -h now

（2）关闭系统后重启系统。

[root@localhost ~] # shutdown -r

（3）系统 1 分钟后重启。

[root@localhost ~] # shutdown -r +1minutes

（4）系统 15:30 后重启。

```
[root@localhost ~] # shutdown -r 15:30
```

提示：shutdown 常用的时间参数有 hh:mm 和+m 两种模式。

1）hh:mm 格式表示在几点几分执行 shutdown 命令。例如"shutdown 10:45"表示将在 10:45 执行 shutdown。

2）+m 表示 m 分钟后执行 shutdown。比较特别的用法是以 now 表示立即执行 shutdown。

（5）安全的关机方法。

```
[root@localhost ~] # Sync;Sync;Sync;shutdown -h now
```

3. 显示登录时的用户名

【操作】

logname 命令用来显示登录时的用户名。

```
[root@localhost ~] # logname
root
```

4. 查看系统中登录的用户

who 命令用来查看系统中登录的用户信息。

【操作】

（1）查看用户自己的信息。

```
[root@localhost ~] # who -m
```

（2）显示登录的用户名和数量。

```
[root@localhost ~] # who -q
root student
# 用户数=2?
```

5. 显示当前用户名和所属组名

id 命令用来显示当前用户名和所属组名。

【操作】

显示当前用户名和所属组名。

```
[root@localhost ~] # id
uid=0(root) gid=0(root) groups=0(root)
```

表示当前用户是 root，其组名也是 root。

6. 改变用户身份

su 的意思是 substitute users（代替用户），在使用某个用户账户登录系统后，允许改变用户身份，改用其他用户身份继续使用系统。

【操作】

（1）从超级用户 root 改为 student 用户。

```
[root@localhost ~] # su stduent
```

上述命令切换到 student 用户时没有转到 student 用户子目录下，也就是说这时虽然是切换为 student 用户了，但并没有改变 student 登录环境（用户默认的登录环境，可以在/etc/passwd 中查到，包括子目录、shell 定义等）。

（2）从超级用户 student 改为 root 用户。

```
[student @localhost ~] $ su root        //切换到 root 用户时可以直接输入 suPassword
[root@localhost ~] #
```

为了安全，变换到 root 用户时要输入 root 用户密码。

7. 获得命令帮助

要想查看某个命令的使用手册（man page），只需在输入 man 后跟该命令的名称。

【操作】

（1）查看 ls 的使用手册。

[root@localhost ~] # man ls

使用 man 命令，首先进入 man page 环境，要退出 man page 帮助直接按 Q 键。其他 man page 按键作用如下：

- 空格：向下翻页。
- page up：向上翻页。
- page down：向下翻页。
- /word：查找 word 单词。

（2）查看 man 自己的使用手册。

[root@localhost ~] # man man

使用 man 命令查看自己的使用手册是最容易被大家忽略的。

8. 显示/修改当前的日期时间

date 命令用来显示/修改当前的日期时间。

【操作】

（1）显示系统当前时间。

[root@localhost ~] # date

（2）将时间更改为 2007 年 12 月 10 日 10 点 23 分。

[root@localhost ~] # date 121010232007

9. 显示日历或年历

cal 命令用来显示日历或年历。

【操作】

（1）显示当月的日历。

[root@localhost ~]　 # cal

（2）显示 2007 年 12 月的日历。

[root@localhost ~] # cal 12 2007

（3）显示 2003 年的年历。

[root@localhost ~] # cal - y 2003

10. 查看磁盘

df 命令可以检查文件系统的磁盘空间占用情况。可以利用该命令来获取硬盘被占用了多少空间、目前还剩下多少空间等信息。

【操作】

（1）查看文件系统各个分区的占用情况。

[root@localhost ~] # df

df 命令默认以 KB 为单位显示分区情况。如果要以 MB 为单位，命令为：df -m。

（2）查看文件系统各个分区的占用情况并显示文件类型。

[root@localhost ~] # df -T

11. 查看目录或文件容量

du 命令用来查看目录或文件容量。

【操作】

（1）列出/etc 目录与文件所占容量。

[root@localhost ~] # du / etc

默认以 KB 为单位显示文件所占容量。

（2）以 MB 为单位列出/home 目录与文件所占容量。

[root@localhost ~] # du -m /etc

（3）仅仅列出/etc 目录容量。

[root@localhost ~] # du -s /etc

12. 查看系统内存、虚拟内存（交换空间）的占用情况

【操作】

free 命令用来查看系统内存。

[root@localhost ~] # free
total   used   free   shared   buffers   cached
Mem: 158556   154284   5272 0   7284   50380
-/+ buffers/cache: 96620   61936
Swap: 369452   76456   292996

以上 free 命令的具体含义解释如下：

（1）第 2 行。

- total：内存总数。
- used：已经使用的内存数。
- free：空闲的内存数。
- shared：当前已经废弃不用，总是 0。
- buffers：Buffer Cache 内存数。
- cached：Page Cache 内存数。

关系：total = used + free。

（2）第 3 行。

1）-buffers/cache 的内存数 96620 等于第 1 行的 used - buffers - cached。

2）+buffers/cache 的内存数 61936 等于第 1 行的 free + buffers + cached。

可见-buffers/cache 反映的是被程序实实在在吃掉的内存，而+buffers/cache 反映的是可以挪用的内存总数。

（3）第 4 行单独针对交换分区。

任务 7 管理进程

1. 进程与作业的概念

进程与程序是有区别的，进程不是程序，虽然它由程序产生。程序只是一个静态的指令集合，简单地说就是保存在磁盘上的文件，不占系统的运行资源；而进程是一个随时都可能发生变化的、动态的、使用系统运行资源的程序。运行一个程序，就会在系统中创建一个或者多

个进程，进程可以看成是在计算机里正在运行的程序。Linux 操作系统启动后，就已经创建了许多进程。

2. 启动进程

启动一个进程有两个主要途径：手工启动和调度启动。调度启动是事先进行设置，根据用户要求自行启动，将在本节稍后讲述。手工启动又分为前台启动和后台启动。前台启动是最常用的方式，一般用户输入一个命令就已经启动了一个进程，而且是一个前台进程。前台启动的一个特点是进程不结束，终端不出现"#"或"$"提示符，所以用户不能再执行其他的任务。后台启动的一种方法是用户在输入命令后面加"&"字符，后台进程常用于进程耗时长、用户不着急得到结果的场合。用户在启动一个后台进程后，终端会出现"#"或"$"提示符，而不必等待进程结束，用户可以继续执行其他任务。实际上系统启动后已经处于多进程状态，有许多进程在后台运行着。

【操作】

（1）yes 命令前台启动。

```
[root@localhost ~] # yes
y
y
    …
```

命令 yes 是向标准输出发出无穷无尽的一串 y，用户再也不能继续其他的任务了。

（2）yes 命令后台启动。

```
[root@localhost ~] # yes>dev/null&
[1] 6689
[root@localhost ~] #
```

将一个作业放到后台运行的一种方法是在命令后面加"&"字符。输入命令以后，出现一个数字，这个数字就是该进程的编号，也称为 PID。这时，用户可以看到 shell 的提示符又回到屏幕上，用户可以继续其他工作。

提示：上面将 yes 命令的输出送给虚拟设备/dev/null，然后让这个作业在后台运行，因为默认标准输出是屏幕，如果不改变 yes 的输出，yes 运行的结果还是要显示在屏幕上，干扰后续的任务。

3. 用命令管理进程

（1）查看系统的进程。

ps 命令用来查看系统的进程。要管理进程首先要了解系统有哪些进程及其状态。

【操作】

1）显示当前控制终端的进程。

```
[root@localhost ~] # ps
```

2）列出所有的进程。

```
[root@localhost ~] # ps -A
```

3）详细显示所有包含其他使用者的进程。

```
[root@localhost ~] # ps -au
```

ps -au 输出格式说明如下：

- USER：进程拥有者。
- PID：进程号。

- %CPU：占用的 CPU 使用率。
- %MEM：占用的内存使用率。
- VSZ：占用的虚拟内存大小。
- RSS：占用的内存大小。
- TTY：终端的次要装置号码。
- STAT：该进程的状态。
- START：进程开始时间。
- TIME：执行的时间。

（2）给进程发送信号。

当某个进程运行错误时，对于前台进程，可以按 Ctrl+C 组合键来终止它，后台进程无法使用这种方法，但可以使用 kill 命令给进程发送信息，比如强行终止信息，从而达到目的。

【操作】

1）显示 kill 能发送的信息种类。

[root@localhost ~] # kill -l

kill 能够发送的信息较多，每个信号都有对应的数值，比如，SIGKL 信号的值是 9，SIGHUP 信号的值是 1。

2）通过进程号终止进程。

[root@localhost ~]　# ps

（3）实时监控进程。

和 ps 命令不同，top 可以实时监控进程的状况，top 默认自动 5 秒刷新一次，也可用 top-d 30，使得 top 屏幕每 30 秒刷新一次。

（4）将作业放到后台执行。

在手工启动前台进程时，如果进程没有执行完毕，则可以使用 Ctrl+Z 组合键暂停进程的执行，然后可以使用 bg 命令将进程放到后台执行，前台继续其他任务。

【操作】

[root@localhost ~] # yes

用 Ctrl+Z 组合键暂停进程。

[root@localhost ~] # bg %1

使用 bg 命令把进程放到后台执行，在 bg 命令中指定进程是通过作业 ID 作为参数来指定的，作业 ID 可以用 jobs 查看。

（5）查看后台作业。

jobs 命令用来查看后台作业。

【操作】

[root@localhost ~] # more /etc/man.comfig

用 Ctrl+Z 组合键暂停进程。

[root@localhost ~] # jobs
[1] +Running yes
[2]+Stopped more /etc/man.comfig

上述命令中，"1"就是命令"yes"对应的作业 ID，正在后台运行；"2"就是命令"more /etc/man.comfig"对应的作业，已经暂停。

（6）将作业放到前台执行。

【操作】

fg 命令用来把作业"more /etc/man.comfig"重新放到前台执行。

[root@localhost ~] # fg %2

任务 8　作业调度

与进程有关的一个概念是作业。在 Linux 中，一个正在执行的进程对 shell（命令解析器）来说可称为一个作业。一般来说，进程和作业是可互换的。作业控制是 shell 提供的使用户能够在多个独立作业间进行切换的功能。

进程和作业的概念也有区别，一个正在执行的进程称为一个作业，而且作业可以包含一个或多个进程，尤其是当使用了管道和重定向命令时。例如，命令"cat /etc/profile | more"将启动两个进程，而这两个进程才构成一个作业。

有时候需要对系统进行一些比较费时而且占用资源的维护工作，这些工作适合在深夜进行，这时候用户就可以事先进行调度安排，指定任务运行的时间或者场合，到时候系统会自动完成这些工作。

1．在指定时刻执行指定的命令序列

at 命令用来在指定时刻执行指定的命令序列。

【操作】

（1）3 天后的下午 5 点钟执行/bin/ls。

[root@localhost ~] # at 5pm + 3days

使用 at 命令，首先进入 at 编辑界面，编辑完后按 Ctrl+D 组合键退出。

注意：在 at 编辑界面中输入的命令要使用绝对路径。例如，输入"/bin/ls"而不是"ls"。

at 命令时间格式说明：

1）当天的 hh:mm（小时:分钟）时间。如果该时间已经过去，那么就在第二天的这个时间执行。用户还可以采用 12 小时计时制，即在时间后面加上 AM（上午）或 PM（下午）来说明是上午还是下午，如 at 5:20 AM /bin/date。

2）指定命令执行的具体日期。指定格式为 month day（月 日）、mm/dd/yy、dd.mm.yy。指定的日期必须跟在指定时间的后面。

3）相对计时法。指定格式为 now + count time-units，"now"就是当前时间，"time-units"是时间单位，这里可以用 minutes（分钟）、hours（小时）、days（天）、weeks（星期）等。count 是时间的数量。

4）直接使用 today（今天）、tomorrow（明天）来指定完成命令的时间。

例如指定在今天下午 5:30 执行某命令。假设现在时间是中午 12:30，日期是 2006 年 2 月 24 日，其命令格式有如下几种：

- at 5:30pm
- at 17:30
- at 17:30 today
- at now + 5 hours

- at now + 300 minutes
- at 17:30 24.2.06
- at 17:30 2/24/06
- at 17:30 Feb 24

以上这些命令表达的意义是完全一样的，所以在安排时间的时候完全可以根据具体情况自由选择。采用绝对时间的 24 小时计时制一般可以避免由于用户自己的疏忽造成计时错误的情况发生。

（2）删除指定的作业序列。

```
[root@localhost ~] # at -d 1          //1 为对应的作业序号
```

查询作业序列使用命令 atq，删除作业使用命令 atrm。

2. 在指定时刻执行指定的命令序列

使用 at 命令安排运行一次的作业较方便，但如果要重复运行程序，比如每周三凌晨 1 点进行数据备份，则使用 crontab 命令更为方便。

【操作】

（1）编辑用户 crontab 作业。

每天 12:30 和 23:30 执行系统升级。

```
[root@localhost ~] # crontab -e
30 12,23 * * * apt-get update
```

提示：crontab 命令编辑格式为"分 小时 日 月 年 命令"。如果用户不知道其中几项，可以用"*"代替，不同项之间用空格分开，同一项之间可以用","分隔表示多种选择。

（2）查看用户 crontab 作业。

```
[root@localhost ~] # crontab -l
```

（3）删除用户 crontab 作业。

```
[root@localhost ~]# crontab -r
```

项目总结

通过完成本项目，学生可以掌握使用 Linux 命令来有效地运行 Linux、管理 Linux 文件与目录的方法，还可以掌握作业与进程的概念以及进程管理与作业调动命令的使用方法。命令的使用是深入学习 Linux 的基础，灵活运用 Linux 的各种命令往往能够达到事半功倍的效果。

思考与练习

一、选择题

1. 在命令行状态下，超级用户的提示符是（　　）。
   A. #　　　　　　B. $　　　　　　C. C:\>　　　　　　D. grub>
2. 用于文件系统挂载的命令是（　　）。
   A. fdisk　　　　B. mount　　　　C. df　　　　D. man

3．可以为文件或目录重命名的命令是（　　）。
　　A．mkdir　　　　　B．rmdir　　　　　C．mv　　　　　　D．rm

4．变更用户身份的命令是（　　）。
　　A．who　　　　　　B．id　　　　　　　C．whoami　　　　D．su

5．用来终止某一进程执行的命令是（　　）。
　　A．ps　　　　　　　B．pstree　　　　　C．kill　　　　　　D．free

6．Linux 操作系统为用户提供的接口为（　　）。
　　A．命令接口和图形接口　　　　　　　B．命令接口或图形接口
　　C．只有图形接口　　　　　　　　　　D．只有命令接口

7．把作业放在后台执行的命令是（　　）。
　　A．fg　　　　　　　B．bg　　　　　　　C．jobs　　　　　　D．ps

二、填空题

1．用于复制文件或目录的命令是_____。

2．gzip 命令的功能是_____。

3．主要的作业调动命令有_____和_____。

三、简答题

1．more 和 less 命令有什么区别？

2．简述进程与程序的区别。

技能实训

实训：Linux 基本命令的使用

一、实训描述

1．进入 Linux 命令环境。

2．在当前路径下的 myopject 目录下创建 newobject。

3．删除家目录下的目录 myopject。

4．使用 tail 命令查看 ete 目录下 abfile 文件中的后两行内容。

5．创建一个目录 byl,为目录 byl 设置权限。要求：用户自己拥有读、写及执行权限，同组用户拥有读和执行权限，其他组用户拥有读权限。

6．改变文件目录 newobject 的所有者为 myopject2。

二、实训步骤

（1）进入 Linux 命令环境。

选择"应用"→"附件"→"终端"命令。

（2）在当前路径下的 myopject 目录下创建 newobject 目录。

[myopject@localhost ~] $mkdir ./myopject/newobject

如果提示没有发现相应文件或目录，则会先在路径中创建 myopject 目录，之后再在 myopject 目录中创建子目录 newobject。

[myopject@localhost ~] $mkdir .-p ./myopject/newobject

（3）删除家目录下的目录 myopject。

[myopject@localhost ~]$rm myopject

rm: cannot remove myopject: Is a directory

[myopject@localhost ~]$rm -ri myopject

rm: descend into directory myopject? y

rm: remove regular empty file myopject/b'? y

rm: descend into directory myopject/newobject? y

rm: remove directory myopject/newobject/Public'? y

rm: remove regular empty file myopject/newobject/a'? y

rm: remove directory myopject/newobject'? y

rm: remove directory myopject? y

（4）使用 tail 命令查看 ete 目录下 abfile 文件中的后两行内容。

[myopject@localhost ~]$tail -2 /etc/abfile

（5）创建一个目录 byl，为目录 byl 设置权限。要求：用户自己拥有读、写及执行权限，同组用户拥有读和执行权限，其他组用户拥有读权限。

[root@localhost ~]# mkdir byl

[root@localhost ~]#ls -l byl

-rw-r--r--1 root root 0 Sep 14 02:46 byl

[root@localhost ~]#chmod u+x,g+x b

[root@localhost ~]#ls -l byl

-rwxr-xr--1 root root 0 Sep 14 02:46 byl

（6）改变文件目录 newobject 的所有者为 myopject2。

[root@ localhost myopject2]#ls -1

total4

drwxr-xr--.2 root root 4096 Sep 14 03:00 newobject

[roote@ localhost myopject2] #chown myopject2 newobject

[root@ localhost myopject2]#1s-1

total 4

drwxr-xr--.2 myopject2 root 4096 Sep 14 03:00 newobject

项目四

用 Vi 编辑器编写 shell 脚本

学习目标

- 掌握 shell 的工作原理和种类。
- 掌握 shell 的变量定义、输入/输出方法。
- 能够编写 shell 程序。
- 能够熟练使用 Vi 编辑器。

项目背景

经理要求小张使用 shell 脚本语言进行编程。小张不明白什么是 shell 脚本，经理解释说："shell 也是一种高级程序设计语言，通过 shell 脚本编程可以使大量任务自动化，Linux 最常见的 shell 版本是 Bash。"小张恍然大悟，又问经理什么是 Vi 编辑器，经理说："Vi 编辑器是 Linux 系统中最常用的编辑器。在文本环境中，shell 负责用户和操作系统之间的沟通，把用户下达的命令解释给系统去执行。"小张说："原来 Vi 编辑器这么实用，看来我要好好学习使用 Vi 编辑器。"

任务 1　初识 shell

1．shell 简介

shell 本身是用 C 语言编写的，是用户和操作系统内核之间通信的桥梁。它是一种命令解释器，可以对命令进行解释并将解释后得到的数据传递到内核中执行，同时将执行结果回传到用户端。shell 定义了各种选项和变量，支持各种高级语言所具有的程序结构，例如条件、循环、函数等。

2. shell 的工作原理

Linux 系统中使用 shell 与系统进行通信。由于用户不能直接与内核进行交流，因此需要通过 shell 这个平台来实现与内核的通信。用户在 shell 提示符下输入命令后，shell 负责将这些命令翻译成计算机能够识别的机器语言，然后将这些语言传输到内核中执行，内核执行后，将结果回传给 shell，shell 再将执行结果传输到客户端，整个的工作过程如图 4-1 所示。

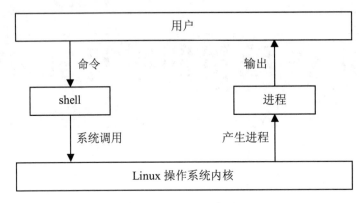

图 4-1　shell 的工作原理

3. shell 的种类

Linux 中的 shell 命令可分为内部命令和外部命令。内置在 Bash 中的命令称为内部命令。以可执行文件的形式存储在 Linux 文件系统中的命令称为外部命令。

查看命令类型的命令为 type。

[root@localhost ~] # man type

type 命令的格式如下：

type [option] name [name…]

option 包括：

- -a：列出包含命令别名在内的指定命令名的命令。
- -p：显示完整的文件名。
- -t：显示文件类型，其文件类型主要有 builtin 和 file。

4. Bash

Bash 是大多数系统的默认 shell，它能运行于大多数类 UNIX 操作系统之上。Linux 操作系统下的 Bash 提示符分为#与$两种，其中#代表超级账户 root，$代表普通账户。

Bash 命令的格式如下：

$ command [[-] option (s)] [option argument (s)] [command argument(s)]

- $：计算机的提示符。
- []：可选的。
- Command：命令，均为小写。
- [[-] option (s)]：Bash 的命令选项。
- [option argument (s)]：定制命令选项的一个或多个修饰符号。
- [command argument(s)]：命令对象。

Bash 有以下功能：

（1）命令记忆功能，即它能记忆使用过的命令。Bash 能自动跟踪用户每次输入的命令，并把输入的命令保存在历史列表缓冲区中。

（2）命令与文件补全功能。在 Bash 命令提示符下输入命令或程序名时，若没有输全命令或程序名，按 Tab 键，Bash 将自动补全命令或程序名。在 Bash 的提示符后面连续按两次 Tab 键可以显示所有的可执行命令。

（3）命令别名设置功能。在 Bash 下，可用 im 这个自定义的命令来替换"ls-al"这样的命令串。

（4）作业控制。作业控制是指在一个作业执行过程中控制执行的状态。可以挂起一个正在执行的进程，并在以后恢复执行该进程。

（5）程序脚本。在 Linux 系统中可以使用 shell script 将平时管理系统常需要执行的连续命令写成一个文件。

（6）拥有通配符。在 Bash 下可以使用通配符"*"和"?"。"*"可以替代多个字符，而"?"则替代一个字符。

任务 2　编写简单的 shell 程序

1. 新建 shell 脚本

shell 脚本的后缀为.sh，语法格式如下：

```
#!/bin/sh
#comments
```

● #!/bin/sh：表示其后路径所指定的程序即是解释此脚本文件的 shell 程序，不可缺少。
● #comments：主程序。
● 注释行：以#开头直到此行的结束。如果一行未完成，可以在行尾加上"\"，这个符号表明下一行与此行会合并为同一行。

【操作】

编写 shell 程序，在终端输出"这是第一个 shell 程序"。

```
#!/bin/sh
#var="这是第一个 shell 程序"
#echo $var
```

2. 定义 shell 变量

shell 程序中的变量没有存储类及类型的限制，也不需要预先定义，可以直接赋值使用。shell 有两类变量：环境变量和临时变量。环境变量是永久性变量，其值不会随 shell 脚本执行结束而消失。而临时变量是在 shell 程序内部定义的，其使用范围仅限于定义它的程序，离开了该程序就不能再用，而且当程序执行完毕时，它的值也就不存在了。

（1）给变量起名。

shell 的变量名与其他高级语言一样遵循表示符命名规则，即以字母或下划线开头，其余部分可由字母、数字和下划线组成，shell 变量名的长度不受限制。shell 的变量名对大小写敏感。比如，dir 与 Dir 是不同的变量。

（2）给变量赋值。

用户可以给自定义的变量赋值，格式为：

变量名=值

变量赋值的注意事项说明如下：

1）在赋值语句中，如果赋值号"="的右边有空格，则需要用双引号括起来。

2）若有空格符可以使用双引号""""或单引号"'"来将变量内容结合起来，但需要特别留意，双引号内的特殊字符可以保有变量特性，但是单引号内的特殊字符则仅为一般字符。

3）必要时需要以跳脱字符"\"来将特殊符号（如$、\、空格符等）变成一般符号。

【操作】

给变量 myname 赋值。

myname=/root/Desktop/newvi.sh

myname 是变量名，"="是赋值号，字符串"/root/Desktop/newvi/sh"是赋予变量 myname 的值。

变量的值可以改变，只需利用赋值语句重新给它赋值。例如 myname=/etc/apt/lin.list。此时，变量 myname 的值就是/etc/apt/lin.list。

【操作】

将字符串 centos linux 赋值给 cm。

cm="centos linux"

说明：等号右边有空格，因此要用引号括起来。

（3）使用变量。

如果需要引用变量的值，则要在变量名前面加上"$"符号。例如要取出变量 a 里面的值则用 $a。

【操作】

显示常量 myname。

[root@localhost ~] #echo myname
myname

输入指令时，myfile 前面没有加了符号"$"，说明 myfile 不是变量，而是一般的字符串常量。

【操作】

显示变量 myname。

[root@localhost ~] #echo $myname
/root/Desktop/newvi.sh
/root/Desktop/envi.sh

输入指令时，myname 前面加了符号"$"，说明 myname 是变量，结果输出变量的值/root/Desktop/envi.sh。

3. 使用 shell 环境变量

在 Linux 系统中，每个用户登录系统后都会有一个专用的运行环境。用户可以通过一些变量来完成自己的个性化设置。Linux 环境由许多变量和这些变量的值组成，通过设置这些环境变量来控制用户环境。Linux 系统的环境变量通常以大写字符来表示。

（1）使用常见环境变量。

shell 中的常见环境变量如表 4-1 所示。

表 4-1　常见的环境变量及其说明

变量名	描述
HOME	用户主目录的全路径名。主目录是开始工作的位置，默认情况下普通用户的主目录为 /home/用户名，root 用户的主目录为/root
LOGNAME	用户名，由 Linux 自动设置，系统通过 LOGNAME 变量确认文件的所有者以及执行某个命令的权限等
HISTSIZE	保存历史的条数
PATH	目录。PATH 变量中的字符串顺序决定了先从哪个目录查找
HOSTNAME	主机的名称
LANG	系统目前的工作语言
PWD	当前工作目录的路径，它指出目前所在的位置
SHELL	当前用户的 shell 类型
MAIL	当前用户的邮件存放目录

（2）使用特殊变量。

在 shell 中有一些特殊变量，如表 4-2 所示。

表 4-2　特殊变量及其说明

变量名	描述
$#:	表示命令行中参数的个数
$$	当前进程的进程号
$@	表示命令行中输入的所有参数串
$0	命令行中输入的 shell 程序名
$?	表示上一条命令执行后的返回值
$*	表示 shell 程序的所有参数串

【操作】

改变目录 HOME/Desktop。

[root@localhost ~] #cd $HOME/Desktop

（3）显示环境变量。

可以用 echo 和 env 命令显示环境变量，echo 命令用于显示单个变量，env 命令用于显示所有环境变量。使用环境变量时，要在其名称前面加上"$"符号。

【操作】

显示环境变量 $HOME。

[root@localhost ~] #echo $HOME

（4）清除环境变量。

【操作】

清除环境变量的命令为：

Unset　$HOME

（5）设置环境变量的文件。

使用 Bash shell 时，有以下几个文件和用户的作业环境有关：

1）改变系统所有用户环境变量的文件：

- /etc/profile
- /etc/bashrc
- /etc/inputrc

2）改变单一用户用户环境文件：

- $HOME/.bash_profile
- $HOME/.bashrc
- $HOME/.inputrc
- $HOME/.bash_login

4. 使用算术运算符

shell 是一种弱编程语言，算术运算不算强大，整数算术运算表达式与 C 语言中表达式的语法相同。

shell 中的算术运算符及每个符号的优先级如表 4-3 所示。优先级是由高到低的，1 代表最高。同级运算符在同一个表达式中出现时，其执行顺序由结合性表示，"→"表示从左至右，"←"表示从右至左。

表 4-3　算术运算符及其优先级

运算符	优先级	结合性	作用
+、-	1	→	正、负
!、~	2	←	非、按位求反
**	3	→	幂
*、/、%	4	→	乘、除、取模
+、-	5	→	加、减
<<、>>	6	→	左移、右移
>、>=、<、<=	7	→	关系
==、!=	8	→	相等、不相等
&	9	→	与

5. 使用输入/输出命令输出字符串和变量值

shell 的输入命令为 read，输出命令为 echo。

（1）输入命令 read。

read 命令从键盘读入一行，分解成若干部分，分别赋值给 read 命令后面的变量名列表中各对应的变量。格式如下：

```
read　变量名列表
```

（2）输出命令 echo。

echo 命令格式如下：

```
echo  字符串
echo  变量名      //显示变量的值
```

【操作】

编写一个 shell 程序，从键盘输出两个字符串，然后将这两个字符串显示在终端上。

具体步骤如下：

```
#!/bin/sh
echo 请输入第一个字符串：
read   Str1
echo 请输入第二个字符串：
read   Str2
echo $Str1,$Str2
```

运行结果为：

```
请输入第一个字符串：
    Hello
请输入第二个字符串：
    Tom
Hello,Tom
```

任务 3　利用输入/输出重定向获取/输出信息

我们一般在使用 shell 命令的时候，多是通过键盘输入，在屏幕上查看命令的执行结果（包括正常输出与错误输出）。如果某些情况下，我们需要将 shell 命令的执行结果存储到文件中，那么我们就需要使用输入输出的重定向。

当执行shell命令时，会默认打开3个文件，每个文件有对应的文件描述符来方便我们使用。

● 标准输入：/dev/stdin（键盘），描述符号是 0。

● 标准输出：/dev/stdout（屏幕），描述符号是 1。

● 错误输出：/dev/stderr（错误消息输出到屏幕上），描述符号是 2。

任务要求 1：使用输入输出重定向实现将"最后更新于：2018.11.30"信息输出重定向到文件 logfile 中，然后将"确认更新"信息追加到文件末尾，不要覆盖原文件内容。查看该文件的内容，以确认输出效果。

说明：大多数 UNIX 系统命令是从终端输入并将结果输出到终端。一个命令通常从一个叫标准输入的地方读取输入，默认情况下，这恰好是你的终端。同样，一个命令通常将其输出写入到标准输出，默认情况下，这也是你的终端。

将新内容输出到文件并覆盖原内容，格式如下：

```
command > file
```

将新内容添加在文件末尾，命令格式为：

```
command >> file
```

重定向命令如表 4-4 所示。

表 4-4　重定向命令

命令	说明
command > file	将输出重定向到 file
command < file	将输入重定向到 file
command >> file	将输出以追加的方式重定向到 file
n > file	将文件描述符为 n 的文件重定向到 file
n >> file	将文件描述符为 n 的文件以追加的方式重定向到 file
n >& m	将输出文件 m 和 n 合并
n <& m	将输入文件 m 和 n 合并
<< tag	将开始标记 tag 和结束标记 tag 之间的内容作为输入

【操作】

（1）将"最后更新于：2018.11.30"输出重定向到文件 logfile 使用">"。

```
echo "最后更新于：2018.11.30" > logfile
```

（2）使用 cat 命令查看 logfile 文件的内容。

```
cat users
最后更新于：2018.11.30
```

（3）使用">>"追加到文件末尾。

```
echo "确认更新" >> logfile
```

（4）查看 logfile 文件的内容。

```
cat logfile
最后更新于：2018.11.30
确认更新
```

任务要求 2：统计 logfile 文件的行数，将输入重定向到 logfile 文件。

说明：Linux 命令可以从文件获取输入，格式为：

```
command < file
```

操作步骤：

```
wc -l < users
2
```

任务要求 3：新建文件 file1，将文件权限重定向到 file1 文件，然后查看 file1 文件。

【操作】

（1）新建文件：ls -al。

（2）文件权限：ls -al。

（3）#新建 test2 文件。

（4）输出重定向：ls -al > test2。

操作步骤如图 4-2 所示。

图 4-2　将文件权限重定向到 file1 文件

任务要求 4：统计/etc/passwd 文件中的行数和字符数，需要用到输入重定向，将命令输入到文件中，结果如图 4-3 所示。

图 4-3　输入重定向统计/etc/passwd 文件中的行数和字符数

任务要求 5：

（1）创建 logfile1 文件，将日期重定向到 logfile1 文件并保存。

touch logfile1
date > logfile1

（2）将 logfile1 中的内容重定向到新建的 logfile2 文件中。

touch logfile2
cat <logfile1>logfile2

（3）查看 logfile2 文件的内容，如图 4-4 所示。

图 4-4　logfile1 文件内容重定向到 logfile2 文件的结果

（4）创建 logfile3 文件，将在线用户信息写入 logfile3 文件并保存。

touch logfile3
who >logfile3

（5）查看 logfile3 文件的内容，如图 4-5 所示。

cat logfile3

```
                          root@localhost:~/桌面                    _ □ ×
  文件(F)  编辑(E)  查看(V)  搜索 (S)  终端(T)  帮助(H)
[ root@localhost 桌面]# touch logfile1
[ root@localhost 桌面]# date>logfile1
[ root@localhost 桌面]# cat <logfile1>logfile2
[ root@localhost 桌面]# cat logfile2
2018年 11月 30日 星期五 19:31:57 CST
[ root@localhost 桌面]# touch logfile3
[ root@localhost 桌面]# who>logfile3
[ root@localhost 桌面]# cat logfile3
root     tty1        2018-11-30 19:08 (:0)
root     pts/0       2018-11-30 19:23 (:0.0)
[ root@localhost 桌面]# ▮
```

图 4-5　在线用户信息重定向到 logfile3 文件的结果

（6）将 logfile3 文件中的内容重定向输出到文件 logfile2，并且追加在文件末尾。

cat <logfile3>>logfile2

（7）查看 logfile2 文件的内容，如图 4-6 所示。

cat logfile2

```
                          root@localhost:~/桌面                    _ □ ×
  文件(F)  编辑(E)  查看(V)  搜索 (S)  终端(T)  帮助(H)
[ root@localhost 桌面]# cat <logfile1>logfile2
[ root@localhost 桌面]# cat logfile2
2018年 11月 30日 星期五 19:31:57 CST
[ root@localhost 桌面]# touch logfile3
[ root@localhost 桌面]# who>logfile3
[ root@localhost 桌面]# cat logfile3
root     tty1        2018-11-30 19:08 (:0)
root     pts/0       2018-11-30 19:23 (:0.0)
[ root@localhost 桌面]# cat<logfile3>>logfile2
[ root@localhost 桌面]# cat logfile2
2018年 11月 30日 星期五 19:31:57 CST
root     tty1        2018-11-30 19:08 (:0)
root     pts/0       2018-11-30 19:23 (:0.0)
[ root@localhost 桌面]# ▮
```

图 4-6　重定向到 logfile2 文件的结果

任务 4　管道线与管道线分流

　　管道是一种最基本的进程通信机制，其实质是由内核管理的一个缓冲区，可以形象地认为管道的两端连接着两个需要进行通信的进程，其中一个进程进行信息输出，将数据写入管道，另一个进程进行信息输入，从管道中读取信息。

　　1. 管道线

　　在 Linux 系统中，shell 允许创建一序列命令，在该序列命令中，一个命令标准输出可以自动地发送给下一个命令的标准输入。连接在两个命令之间的就是管道，命令序列称为管道线。

管道命令操作符是"|"，它只能处理经由前面一个指令传出的正确输出信息，对错误信息没有直接处理能力，然后传递给下一个命令，作为标准的输入。

命令格式如下：

command1 |command2 |command3| … | commandN

2. 管道线分流（tee）

如果我们希望将命令的标准输出同时发送到两个地方，例如，一个输出保存到文件中，同时还发送给另外一个命令。可以使用 tee 命令实现这一目的，tee 命令的作用就是从标准输入读取数据，并向标准输出和一个文件各发送一份数据。tee 命令的使用语法如下：

tee [-ai] file...

tee 命令的参数说明：

- -a：追加到已存在文件的后面，而不是覆盖。
- -i：忽略中断信号。

tee 命令的标准输入是另一个命令的标准输出，而不是键盘，所以 tee 命令的使用格式如下：

command | tee file

任务要求：读出 newfile.log 文件中的内容，通过管道转发给 grep 作为输入内容，过滤包含"Displayed"的行，将输出内容再作为输入通过管道转发给下一个 grep。

【操作】

cat newfile.log|grep -n 'Displayed'|grep ms

任务 5　编写带流程控制语句的 shell 程序

1. 使用条件语句

shell 的条件语句有 if 语句和 case 语句。

（1）最简单的 if 语句。

最简单的 if 语句的格式为：

```
if  表达式
    then  语句段落 1
else
    ..语句段落 2
fi
```

如果表达式的结果为真，执行语句段落 1，否则执行语句段落 2。

【操作】

在键盘上读取一个字符，然后根据字符的值来判断对错。

输入文件名，判断文件是否为目录，若是，则输出"是个目录"。

```
@!/bin/sh
if [-d $fname ]; then
echo   "是个目录 "
fi
```

（2）多分支 if 语句。

多分支 if 语句的格式如下：

```
if   表达式 1
    then  语句段落 1
elseif 表达式 2
    then  语句段落 2
    ...
else
   ..语句段落 n
fi
```

if 语句可根据表达式的值是真还是假来决定要执行的程序段落。如果 if 后面的表达式为真，则执行语句段落 1，如果表达式 2 成立，则执行语句段落 2，依此类推。如果表达式都不成立，则执行 else 后面的语句段落 n。

【操作】

在键盘上读取一个字符，然后根据字符的值来判断对错。

```
# !/bin/bash
echo -n "输入一个字母："                    //-n 不换行
read Input                                //从键盘读入数据
if [ $Input = m ]
    then
        echo "you are right"
elseif [ $Input = t ]
    then
        echo "you are wrong"
else
        echo "error."
fi
# end
```

（3）case 语句。

如果用户已经规划好几个项目类型，只要选择执行的那个类型就可以正确地执行，这种情况使用 case 语句最为方便。case 语句用于从上到下地从测试条件中选择符合的条件执行，执行完测试条件后的命令就直接退出 case 条件语句，再接着往下执行。

```
case var in              //var 用来接收输入参数的值。
    value1 )             //测试条件 1，如果变量值为 value1 则执行以下命令
      语句段落 1;;
   ;;
    value2)              //测试条件 2
      语句段落 2
   ;;
    ...
    *)                   //如果以上类型都不满足则执行以下命令
      语句段落 n;;

esac                     //这个 case 的设定结束处
```

变量 var 可以是一般变量，也可以是特殊变量，比如$1。一般变量要使用 read 命令从键盘接收数据。测试条件可以使用通配符，双分号（;;）为测试条件的结束，在每一个测试条件成立后，一直到双分号之前的命令，都会被 shell 执行。

【操作】

依照用户的选择决定程序执行。

```
case $1 in                    //变量$1 接收执行时的第一个参数
    one)
        echo "your choice is one"
        ;;
    two)
        echo "your choice is two"
        ;;
    three)
        echo "your choice is three"
        ;;
    *)
        echo "error"
esac                          //case 语句结束
```

2. 使用条件测试命令 test

test 命令格式为:

test expression 或[expression]

【操作】

字符串测试。

```
#test 6 = 7
#echo $?
1
```

注意: 等号操作符两边都要有空格。特殊变量 "$?" 表示上一条命令执行后的返回值, 如果返回值为假, "$?" 返回 1, 如果返回值为真, "$?" 返回 0。

【操作】

字符串测试。

```
#[ 6 = 6 ]
#echo $?
0
```

改用中括号形式, 注意等号操作符两边和中括号内侧都要有空格。

test 命令可以和多种系统运算符一起使用。这些运算符可以分为 4 类: 字符串运算符、算术运算符、文件运算符和逻辑运算符。

(1) 字符串运算符: 用来判断字符串表达式的真假, 如表 4-5 所示。

表 4-5　字符串运算符

条件	描述
str1 = str2	如果 str1 和 str2 相同, 则为真
str1 ! = str2	如果 str1 和 str2 不相同, 则为真
str	如果 str 不为空, 则为真
-n str	如果 str 的长度大于零, 则为真
-z str	如果 str 的长度等于零, 则为真

（2）算术运算符：用来判断数值表达式的真假，如表 4-6 所示。

表 4-6　算术运算符

条件	描述
int1 -eq int2	如果 int1 = int2，则为真
int1 -ge int2	如果 int1 >= int2，则为真
int1 -gt int2	如果 int1 > int2，则为真
int1 -le int2	如果 int1 <= int2，则为真
int1 -lt int2	如果 int1 < int2，则为真
int1 -ne int2	如果 int1 != int2，则为真

（3）文件运算符：用来判断文件是否存在、类型及属性，如表 4-7 所示。

表 4-7　文件运算符

条件	描述
-d filename	如果 filename 为目录，则为真
-f filename	如果 filename 为普通文件，则为真
-r filename	如果 filename 为只读，则为真
-s filename	如果 filename 的长度大于零，则为真
-w filename	如果 filename 为可写，则为真
-x filename	如果 filename 为可执行，则为真

【操作】

判断/etc 是否为目录。

```
#[ -d /etc ]
#echo $?
0
```

【操作】

判断用户对目录/etc 是否有写的权限。

```
#[ -w /etc ]
```

（4）逻辑运算符：用来结合表达式或取得表达式相反值，如表 4-8 所示。

表 4-8　逻辑运算符

条件	描述
!expr	如果 expr 为假，则返回真
expr1-aexpr2	如果 expr1 和 expr2 同时为真，则返回真
expr2-oexpr2	如果 expr1 或 expr2 有一个为真，则返回真

【操作】

判断文件存在且具有可写的权限。

```
#[ -f /etc/passwd -a -w /etc/passwd ]
```

3．使用循环语句

循环语句可以将多次重复运算凝聚在简短的程序中，从而减少代码量。shell 中提供了几种执行循环的命令，比较常见的循环命令是 for 循环、while 循环和 until 循环。

（1）使用 for 语句循环。

for 语句有多种格式，也是比较灵活的一种循环语句。for 循环的格式如下：

```
for 变量 in 变量列表
do
     :
done
```

其中变量是在当前循环中使用的一个对象，用来接收变量列表中的元素；变量列表是整个循环要操作的对象的集合，可以是字符串集合或文件名、参数等，变量列表的值会被逐个赋给变量。

【操作】

把列表中的几个值显示出来。

```
for p in a b c d e
do
     echo $p
done
```

其中，循环的序列中可以使用通配符。

【操作】

使用通配符显示当前目录下所有文本文件（*.txt）的名称和内容。

```
for file in *.txt          //对目录下的每个 txt 文件
     do
          echo $file        //输出文件名
          cat $file         //输出文件内容
     done
```

还有另一种 for 循环格式，下面给出具体实例。

【操作】

计算 $1 + 2 + 3 + \cdots + 100$ 的和。

```
for ( i=1; i<=100; i=i+1 )
do
     s=s+i
done
echo "结果为  $s"
```

含义：由 i=1 开始到 i<= 100，每次 i 都加 1 来执行设定的程序段（就是 s=+i），当 i >100（也就是 i=101）时就跳出 for 循环语句接着往下执行。执行结果：结果为 5050。

（2）使用 while 语句循环。

while 循环中，当表达式的值为假时停止循环，否则循环将一直进行。语法格式如下：

```
while  表达式
     do
          程序段
     done
```

【操作】

用 while 实现求 1+2+3+4+5 的和。

```
let ss=0; i=1
while test $i -le 5
    do
        let ss=$ss+$i
        let i=$i+1
    done
echo "ss=$ss"
```

（3）使用 until 语句循环。

until 语句与 while 语句正好相反，它会在其测试条件为假时循环执行，语法格式如下：

```
until 表达式
    do
        程序段
    done
```

【操作】

用 until 实现求 1+2+3+4+5 的和。

```
let ss=0; i=1
until test $i -gt 5
    do
        let ss=$ss+$i
        let i=$i+1
    done
echo "ss=$ss"
```

（4）使用 break 和 continue 语句跳出循环。

在 shell 的循环语句中，可以使用 break 和 continue 语句实现跳离现有的循环。break 语句用于中断循环的执行，将程序流程移至循环语句结束之后的下一个命令。而 continue 语句则忽略之后的命令，将程序流程转移至循环开始的地方。break 和 continue 语句都可以加上数字，以指示要跳出的循环数目。

【操作】

观察程序执行结果。

```
for x in 1 2 3 4
    do
        echo "hello"
        break
        echo "bay"
    done
```

任务 6   使用函数编写 shell 程序

shell 脚本也有自定义函数的功能。函数将某个要实现的功能模块化，使代码结构和程序的工作流程更为清晰，也提高了程序的可读性和可重用性，是程序中的重要部分。

1. 定义函数

定义函数的语法如下：

```
[function]函数名[( )]
{
    程序段
    [return int]
}
```

[ ]中的内容为可选部分，如果函数有返回值，则加入 return int 语句。

【操作】

定义函数 max，实现求命令行中输入的数值组中最大的数。

```
max()
{
    while test $1
    do
        if test $max_value
            then
        if test $1 -gt $max_value
            then
            Max_value=$1
            fi
        else
            Max_value=$1
            fi
        shift                //函数参数左移一位
    done
    return $max_value
}
```

2. 执行函数

函数的使用方法与外部命令一样，只需直接输入函数名即可。

【操作】

执行函数 max。

```
max $*
```

函数处理参数的方式与脚本文件处理命令行参数的方法是一样的。在函数中，$1 是指传入函数的第一个参数，$2 是指传入函数的第二个参数，同时也可以使用 shift 命令移动函数参数。

【操作】

执行函数 max，并传入参数 1、7、8、3、2。假设脚本名称为 max_value.sh。

```
# ./max_value.sh 1 7 8 3 2
```

任务 7   使用 Vi 编辑器

Vi 编辑器工作在字符模式下，是 Linux 系统下最基本的编辑器。Vi 编辑器不使用图形界面，因此它在系统和服务管理中的功能和效率是带图形界面的编辑器所所无法比拟的。

1. Vi 的工作模式

Vi 有 3 种工作模式：命令模式、编辑模式和底行模式。

（1）命令模式。命令模式是用来编辑、存盘和退出文件的模式。运行 Vi 后，默认进入命令模式。此时输入的任何字符都被视为命令，不会在屏幕上显示。命令模式下可以输入命令进行光标的移动，字符、单词、行的复制、粘贴、删除等操作。

（2）编辑模式。编辑模式是用来输入和编辑文件的模式，屏幕上会显示用户的输入信息，按键不是被解释为命令执行，而是作为文本写到用户的文件中。

（3）底行模式。状态行被 Vi 编辑器用来反馈编辑操作结果，通常在文件的底行。错误消息或者提供信息的消息会在状态行中显示出来。

2. 启动和编辑 Vi 编辑器

Vi 编辑器的 3 种模式可以相互转换，命令模式下输入按键 A、a、O、o、I、i 进入编辑模式，在编辑模式下按 Esc 键退回到命令模式。命令模式和底行模式可以自动切换。

【操作】

（1）启动 Vi 编辑器。在终端输入命令 Vi，后面接着输入想要创建或编辑的文件名，即可进入 Vi 编辑器。例如输入 vi text.txt，按 Enter 键，系统进入 Vi 的初始画面，屏幕显示如图 4-7 所示。

```
[root@localhost ~]# vi test.txt
```

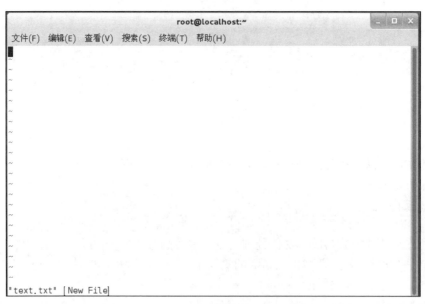

图 4-7　Vi 的初始画面

图 4-7 中左下角显示的"[New File]"表示本文件是新建的，如果 text.txt 是已经存在的文件，则会显示目前的文件名、行数与字符数。

（2）进入编辑模式。在命令模式下，输入 I、o、a 等单个字符可以进入编辑方式，这时从键盘输入的字符都被当作文件的正文。输入命令及其作用如下：

- a：在光标后输入文本。
- A：在当前行末尾输入文本。

- i：在光标前输入文本。
- I：光标移动到当前行首输入文本。
- o：在当前行之下新起一行输入文本。
- O：在当前行之上新起一行输入文本。

（3）回到命令模式。用户编辑文本完毕，按 Esc 键可以退回到命令模式。

（4）退出 Vi 编辑器。Vi 编辑器的退出指令 ":q" ":q!" 或 ":wq"。退出指令及其描述如表 4-9 所示。

表 4-9　Vi 编辑器的退出指令

指令名称	描述
:q	如果用户只是阅读文件的内容而未对文件进行修改，可以使用 ":q" 退出 Vi
:q!	如果用户对文件的内容作了修改，然后决定要放弃对文件的修改，可以使用 ":q!" 强行退出 Vi
:wq	用户在编辑结束时，用 ":wq" 命令保存文件至磁盘，然后退出 Vi

（5）移动光标。移动光标可以通过键盘上的上下左右键来实现。在对文本进行编辑修改时，退格键与组合键等其他按键也可用来移动光标。

3．Vi 命令

Vi 编辑器的常用命令如表 4-10 至表 4-14 所示。

表 4-10　光标的移动及换页（在命令模式下）

按键	描述
Ctrl+D	下翻半页
Ctrl+U	上翻半页
Ctrl+F	下翻一页
Ctrl+B	上翻一页
0	移动到文件的起点
number	移动到 number 行
$	移动到文件的最后一行

表 4-11　删除字符和行（在命令模式下）

按键	描述
x	删除光标所在处的字符
X	删除光标所在处的前一个字符
D	删除光标所在处到这一行结束的字符
d^	删除从这行开始到光标所在处的字符
dd	删除本行内容
ndd	n 为数字，删除从 n 算起的 n 行内容
dnw	删除从光标所在处往右的 n 个字

表 4-12　新建和插入（在命令模式下）

按键	描述
i	进入插入模式，并在光标所在处开始插入
I	进入插入模式，并在光标所在处之后的非空字符开始插入
a	进入插入模式，并在光标所在处之后开始插入
A	进入插入模式，并由这一行的最后开始插入
o	在光标的下方新建一行，并且进入插入模式
O	在光标的上方新建一行，并且进入插入模式

表 4-13　复制和粘贴（在命令模式下）

按键	描述
Y	复制光标所在行内容并放至缓存区
yy	复制光标所在行内容并放至缓存区
nyy	复制从光标所在行开始的 n 行并放至缓存区
p	复制缓存区的内容到光标所在行的下方
P	复制缓存区的内容到光标所在行的上方

表 4-14　查找和替换（在底行模式下）

命令	描述
/text	往前查找 text 这个单词
?text	往后查找 text 这个单词
[a,b] s/from/to/[g]	在[a,b]区域内（表示从 a 行到 b 行），将 from 替换成 to。[g]表示对当前行内所有符合的地方都替换

任务 8　使用正则表达式来检索和替换文本

1. 正则表达式概念

正则表达式这个概念最初是由 UNIX 中的工具软件普及开的。一个正则表达式通常被称为一个模式，为用来描述或者匹配一系列符合某个句法规则的字符串。在很多文本编辑器里，正则表达式通常被用来检索、替换那些符合某个模式的文本。许多程序设计语言都支持利用正则表达式进行字符串操作。

2. 正则表达式优先级

正则表达式的优先级如表 4-15 所示，其中符号的优先级为从上到下、从左到右依次降低。

表 4-15　运算符优先级

运算符	说明
\	转义符
()、(?:)、(?=)、[]	括号和中括号

运算符	说明
*、+、?、{n}、{n,}、{n,m}	限定符
^、$、\元字符	定位点和序列
		选择

3. 正则表达式常用字符

正则表达式常用字符如表 4-16 所示。

表 4-16　正则表达式常用字符

字符	描述
\	将下一个字符标记为一个特殊字符或一个原义字符。例如，"n"匹配字符"n"。"\n"匹配一个换行符。序列"\\"匹配"\"，而"\("则匹配"("
^	匹配输入字符串的开始位置
$	匹配输入字符串的结束位置
*	代表前面的字符可以不出现，也可以出现一次或者多次，例如，"1*23"可以匹配 23、123、11123 等
+	表示前面的字符必须出现至少一次，例如，"abc+def"可以匹配"abccdef""abccccdef"等
?	表示前面的字符最多出现一次，例如，"bl?e"可以匹配"ble"或者"blle"
.	匹配除"\n"之外的任何单个字符。要匹配包括"\n"在内的任何字符，请使用像"(.|\n)"的模式
|	竖直分隔符表示选择，例如"one|two"可以匹配"one"或者"two"
[xyz]	匹配所包含的任意一个字符。例如，[abc]可以匹配"bcd"中的"bc"
[^xyz]	匹配未列出的任意字符。例如，[^abc]可以匹配"cdef"中的"def"。
[a-z]	字符范围，匹配指定范围内的任意字符。例如，[a-z]可以匹配 a 到 z 范围内的任意小写字母字符
[^a-z]	排除型的字符范围，匹配任何不在指定范围内的任意字符。例如，[^a-z]可以匹配任何不在 a 到 z 范围内的任意字符

项目总结

通过完成本项目，学生可以掌握 Vi 编辑器的使用、shell 的基本概念、shell 的基本语法及其编程等知识点。随着对 shell 理解的深入，相信用户会写出自己满意且功能强大的脚本，为系统管理提供更加快捷和方便的手段。

思考与练习

一、选择题

1. 关于 Linux 的 shell 说法错误的是（　　）。
   A．一个命令语言解释器　　　　　　B．编译型的程序设计语言
   C．能执行内部命令　　　　　　　　D．能执行外部命令

2. 输入一个命令之后，shell 首先检查（　　）。
   A．它是不是外部命令　　　　　　　B．它是不是在搜索路径上
   C．它是不是一个命令　　　　　　　D．它是不是一个内部命令

3. 表示追加输出重定向的符号是（　　）。
   A．>　　　　　　　B．>>　　　　　　C．<　　　　　　　D．<<

4. 表示管道的符号是（　　）。
   A．||　　　　　　　B．|　　　　　　　C．>>　　　　　　D．//

5. 下面（　　）不是 shell 的循环控制结构。
   A．for　　　　　　B．switch　　　　　C．while　　　　　D．until

二、填空题

1. 变量$*表示 shell 程序的_____。
2. 下面语句的执行结果是_____。

```
s=0;i=1
while test $i -le 5
    do
        let s=$s+$i*$i
        let i=$i+1
    done
echo "s= $s"
```

三、简答题

1. 在 Vi 中编辑模式和命令模式有什么不同？
2. 编程找出命令行中输入整数的最大值和最小值。

技能实训

实训 1：Vi 编辑器的使用

一、实训描述

Vi 编辑器的使用。

二、实训步骤

（1）复制/etc/passwd 文件到用户主目录，再使用 Vi 编辑器打开主目录 passwd 文件。

```
[root@localhost ~] #cp /etc/passwd
[root@localhost ~] #vi passwd
```

（2）在 vi 中设定一下行号：在编辑器中输入命令"：set nu"。

（3）移动到第 20 行，向右移动 5 个字符：先输入 20G，再按下 5+向右键（→）。

（4）移动到第一行，并且向下搜寻一下"nobody"这个字符串：先按下 1G，然后输入"/nobody"搜寻，会看到它在第 18 行。

（5）将第 2 到第 10 行之间的 sh 改为 bash，并且询问是否修改：在编辑器中输入"：2,10s/sh/bash/gc"，其中最后的 gc 表示修改时询问。

（6）修改完之后，突然反悔了，要全部复原：简单的方法可以一直按 u 回复到原始状态或者使用不保存离开"：q!"之后，再重新读取一次该文件。

（7）复制第 3 到第 5 行这 3 行的内容，并且贴到最后一行之后：按下 3G →按 3yy →再输入 G 到最后一行→再按 p 贴上这 3 行。

（8）删除第 3 到第 5 行：输入 3G→按 3dd，即可删除这 3 行。

（9）将这个文件另存为一个名为 passwd.back 的文件：w passwd.back。

（10）移动到第 20 行，并且删除 5 个字符。

（11）保存后离开，在编辑器中输入"：wq!"。

实训 2：shell 基本命令使用

一、实训描述

1. 查看目前系统支持的 shell 版本。
2. 查看目前的 shell 版本。
3. 显示目前系统中主要的环境变量。
4. 命令别名：使用 lm 代替 ls - l。
5. 临时改变 shell 版本为 csh。

二、实训步骤

（1）查看目前系统支持的 shell 版本。

```
[root@localhost ~] #cat /etc/shells
# /etc/shells: valid login shells
/bin/csh
/usr/bin/es
/usr/bin/ksh
/bin/ksh
/usr/bin/rc
…
```

（2）查看目前的 shell 版本。

```
[root@localhost ~] #echo $SHELL
/bin/bash
```

（3）显示目前系统中主要的环境变量。

```
[root@localhost ~] #ena
```

（4）命令别名：使用 lm 代替 ls - l。

```
[root@localhost ~] #alias lm='ls - l'
[root@localhost ~] #lm
总用量 332
drwxr-xr-x 2 root root 4096 2007-07-21 04:00 class
…
-l
```

（5）临时改变 shell 版本为 csh。

```
[root@localhost ~] # csh
%
```

实训 3：shell 编程

一、实训描述

1．编写一个 shell 程序，能统计出当前目录中子目录和文件的数量。

2．编程实现统计文件 students.log 中的学生成绩，计算学生的数量以及学生的平均成绩。students.log 文件的内容如下：

```
#cat students.log
lili    77
zhanghong    68
liming    49
wangfang    98
```

3．编写一个函数 funAdd，功能是能将从键盘输入的两个数相加并输出计算结果。

4．编写一个带参数的函数，功能是计算两个数的和，要求相加的两个数在该函数被调用时以参数的形式进行传递。

二、实训步骤

（1）编写一个 shell 程序，能统计出当前目录中子目录和文件的数量。

```
#bin/sh
WJ=0
ZML=0
COUNT=0
1s-al                          #显示所有文件列表
for FILENAME in "ls-a
if [-d  $FILENAME]  then
ZML='expr  $ZML+1'             #统计目录数量
else
```

```
WJ='expr   $WJ+ 1'                      #统计文件数量

fi
COUNT='expr   $COUNT +1'                #统计总数数量
done
echo DirectoyNum $ZML
echo FileNum:$WJ
echo Total:$COUNT
```

（2）编程实现统计学生的数量以及学生的平均成绩。

通过 while read 语句读取变量 STUDENT 和 SCORE 的内容，然后在 while 循环中通过 expr 命令计算学生总数和学生总成绩，最后计算平均值并输出。执行该脚本时需要把 sudents.log 文件的内容重定向到 while.sh 脚本。

```
#./while2.sh < students.log
There are 4 students，the avg score is 80
```

编写程序如下：

```
TOTAL=0
COUNT=0
while read STUDENT SCORE
do
      TOTAL='expr   $TOTAL + $SCORE '          #计算总成绩
COUNT='expr SCOUNT + 1'done                   #计算学生数
done
AVG='expr STOTAL / $COUNT '                    #计算平均成绩
echo   '学生总数为'  $COUNT'
echo   '平均成绩为'  SAVG
```

（3）编写一个函数 funAdd，功能是能将从键盘输入的两个数相加并输出计算结果。

```
funAdd(){
    echo "请输入第一个数： "
    read Num1
    echo "请输入第二个数字： "
    read Num2
    return $(($Num1+$Num2))
}
funAdd
echo "输入的两个数字之和为  $? !"
```

（4）编写一个带参数的函数，功能是计算两个数的和，要求相加的两个数在该函数被调用时以参数的形式进行传递。

在 shell 中，调用函数时可以向其传递参数。在函数体内部，通过$n 的形式来获取参数的值，例如，$1 表示第一个参数，$2 表示第二个参数，依此类推。

```
funAdd(){
    echo "第一个数为  $1 !"
    echo "第二个数为  $2 !"
    echo "它们相加的和为  $1+$2 !"
}
funAdd    25 36
```

项目五

管理用户和组

学习目标

- 了解用户、群组的概念。
- 能够用命令管理 Linux 用户。
- 能够用命令管理 Linux 群组。
- 能够用命令管理用户和群组。

项目背景

经理分配给小张的新工作是管理 Linux 操作系统的用户和组，小张不明白，Linux 系统有很多用户吗？经理解释说："Linux 是一个多任务、多用户的操作系统，任何一个要使用系统资源的用户都必须首先申请一个账号，然后用这个账号登录系统。用户的账号可以帮助系统对使用系统的用户进行跟踪，并控制用户对系统资源的访问；另一方面也可以帮助用户组织文件，并为用户提供安全性的保护。"

小张又问："组又是什么呢？"经理解释说："组是具有共同用户特征的用户的集合，这与现实生活中的个人与集体是类似的。对 Linux 系统来说，使用组可提高系统的灵活性；对于具体的 Linux 系统管理员来说，通过管理组来管理用户，提高了工作效率。"

任务 1　管理用户和群组文件

Linux 系统是一个多用户、多任务的分时操作系统，任何一个要使用系统资源的用户，都必须首先向系统管理员申请一个账号，然后以这个账号的身份进入系统。用户的账号一方面可以帮助系统管理员对使用系统的用户进行跟踪，并控制他们对系统资源的访问；另一方面也可以帮助用户组织文件，并为用户提供安全性保护。

每个用户账号都拥有一个唯一的用户名和各自的口令。用户在登录时键入正确的用户名和口令后，就能够进入系统和自己的主目录。

实现用户账号的管理，要完成的工作主要有如下几个方面：

● 用户账号的添加、删除与修改。

● 用户口令的管理。

● 用户组的管理。

1. 识读用户账户文件

/etc/passwd、/etc/shadow、/etc/group 和/etc/gshadow 这 4 个配置文件用于系统账号管理，都是文本文件，可以用 vim 等文本编辑器打开。/etc/passwd 用于存放用户账号信息，/etc/shadow 用于存放每个用户加密的密码，/etc/group 用于存放用户的组信息，/etc/gshadow 用来存放用户组加密后的密码。

（1）/etc/passwd 文件。

【操作】

用 head -n 4 命令查看/etc/passwd 文件的前 4 行，如图 5-1 所示。

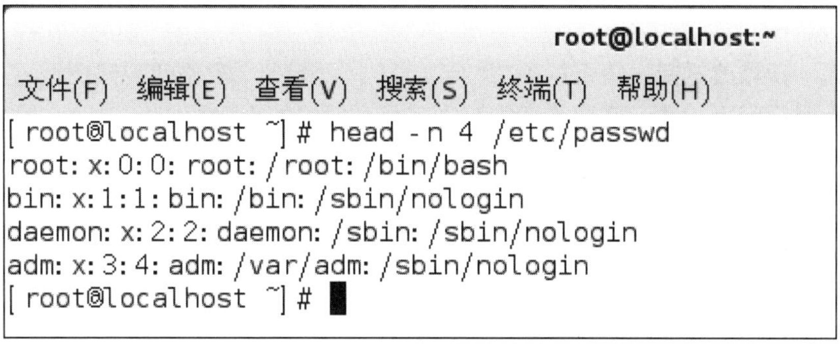

```
                                              root@localhost:~

文件(F)  编辑(E)  查看(V)  搜索(S)  终端(T)  帮助(H)

[ root@localhost ~] # head - n 4 /etc/passwd
root: x: 0: 0: root: /root: /bin/bash
bin: x: 1: 1: bin: /bin: /sbin/nologin
daemon: x: 2: 2: daemon: /sbin: /sbin/nologin
adm: x: 3: 4: adm: /var/adm: /sbin/nologin
[ root@localhost ~] # ▮
```

图 5-1　/etc/passwd 文件的前 4 行

【描述】

/etc/passwd 文件是账号管理中最重要的一个文件，是一个纯文本文件，用于存放用户账户信息，每行代表一个账户，每个账户的各项信息用冒号分隔。命令格式如下：

账号名称:密码:UID:GID:个人资料:主目录:shell

说明：

● 账号名称：用户登录 Linux 系统时使用的名称。

● 密码："x" 代表密码保存在/etc/shadow 中；当该值为其他任意非 "x" 值时，可以通过 root 用户切换（不需要密码），但是都无法通过非 root 用户切换到相应用户，因为无法获得其密码。

● UID：用户 id，0～499 保留给系统使用，500～65535 保留给用户使用。

● GID：主用户组 id，0～499 保留给系统使用，500～65535 保留给用户使用。用户组 id 是在/etc/group 中分配给特定用户组的。

● 个人资料：可以记录用户的个人信息，如姓名、电话等。

● 主目录：root 的主目录为/root，所以当 root 用户登录之后，当前的目录就是/root；对于其他用户通常是/home/username，这里 username 是用户名，用户执行 cd~命令时当前目录会切换到个人主目录，如 student 用户的主目录为/home/student。

- shell：定义用户登录后使用的 shell 版本，默认是 Bash。

（2）/etc/shadow 用户密码文件。

【操作】

请解释/etc/shadow 中的如下内容：

root:!:14859:0:99999:7

【描述】

/etc/shadow 用于存放各个用户加密后的密码，每行代表一个用户。任何用户对 passwd 文件都有读的权限，虽然密码已经经过加密，但还是不能避免有人会获取加密后的密码。为了安全起见，Linux 系统对密码提供了更多一层的保护，即把加密后的密码移动到/etc/shadow 文件中，只有超级用户能够读取 shadow 文件的内容，并且 Linux 在 /etc/shadow 文件中设置了很多的限制参数。经过 shadow 的保护，/etc/passwd 文件中每一记录行的密码字段会变成"x"，并且在/etc 目录下多出文件 shadow。

和 passwd 文件类似，shadow 文件中的每行由 9 个字段组成，格式如下：

用户名:密码:最后一次修改时间:最小时间间隔:最大时间间隔:警告时间:不活动时间:失效时间:标志字段

说明：

- 最后一次修改时间：表示从 1970 年 1 月 1 日起到上次修改密码所经过的天数。
- 最小时间间隔：表示两次修改密码之间至少经过的天数。
- 最大时间间隔：表示密码还会有效的最大天数，如果是 99999，则表示永不过期。
- 警告时间：表示密码失效前多少天内系统向用户发出警告。
- 不活动时间：表示禁止登录前用户名还有效的天数。
- 失效时间：表示用户被禁止登录的时间。
- 标志字段：无意义，未使用。

在 shadow 文件中，密码字段为"*"表示用户被禁止登录，为"!"表示用户被锁定。安装 Linux 系统时，系统默认采用 shadow 来保护密码。如果安装 Linux 时未启用 shadow，可以使用 pwconv 命令启用 shadow。注意，用 root 用户登录来执行该命令，执行的结果是/etc/passwd 文件中的密码字段被改为"x"，同时产生/etc/shadow 文件。相反，如果要取消 shadow 功能，可以使用 pwunconv 命令，但不建议这样做。

2. 了解组群文件

（1）Linux 组。

Linux 的组有私有组、系统组和标准组之分。

1）私有组：建立账户时，若没有指定账户所属的组，系统会建立一个和用户名相同的组，这个组就是私有组，它只容纳了一个用户。

2）标准组：可以容纳多个用户，组中的用户都具有组所拥有的权利。

3）系统组：Linux 系统自动建立的组。一个用户可以属于多个组，用户所属的组又有基本组和附加组之分。在用户所属组中的第一个组称为基本组，基本组在/etc/passwd 文件中指定；其他组为附加组，附加组在/etc/group 文件中指定。属于多个组的用户所拥有的权限是它所在组的权限之和。与用户一样，用户分组也是由一个唯一的身份来标识的，该标识称为用户分组 ID（GroupID，GID）。用户可以归属于多个用户分组。对某个文件或程序的访问是以它的 UID

和 GID 为基础的。一个执行中的程序继承了调用它的用户的权利和访问权限。

（2）组文件。

Linux 系统关于组的信息存放在文件/etc/group 和/etc/gshadow 中。

1）/etc/group（组账号文件）。

/etc/group 中存放用户组信息，每行代表一个用户组，如：

```
[root@localhost ~]# cat /etc/group
root:x:0:
…
student:x:1000:
```

与 passwd 文件记录类似，组账号文件的每一行由 4 个字段的数据组成，字段之间用"："分隔，格式如下：

```
组名称:组密码:GID:组成员(包括的账号名称)
```

说明：

- 组名称：就是组的名称。
- 组密码：通常不需要设置，一般很少使用到组登录，同样密码也是被记录在/etc/gshadow 中。
- GID：即组 ID。
- 组成员：组所包含的用户，用户之间用"，"分隔。

2）/etc/gshadow。

/etc/gshadow 中存放用户组的密码，每行代表一个用户组，如下：

```
组名称:组密码:用户组和管理员账户: 该用户组包含的用户
```

说明：

- 组名称：就是组的名称。
- 组密码：使用方法类似于/etc/shadow。
- 用户组和管理员账户：可以为逗号分隔的列表。
- 该用户组包含的用户：以该用户组为主用户组的用户不会在 members 中。

任务 2　添加账户

1. 添加 student2 用户

【操作】

useradd 命令的用途为添加用户账号。

只有超级用户 root 才有权使用此命令。使用 useradd 命令创建新的用户账号后，应利用 passwd 命令为新用户设置密码。一个类似的命令是 adduser，也用来创建用户账号。

```
[root@localhost ~] # useradd student2
```

查看用户添加结果，输入以下命令：

```
[root@localhost ~] # cat /etc/passwd
```

结果如图 5-2 所示。

```
sbin/nologin
tcpdump: x: 72: 72:: /: /sbin/nologin
user1: x:1000:1000: user1: /home/user1: /bin/bash
student1: x:1001:1001: student1: /home/student1: /bin/bash
student2: x:1002:1002:: /home/student2: /bin/bash
```

图 5-2　useradd 添加 student2 用户结果

用户 student2 添加成功，同时发现，使用命令 useradd 添加用户的同时还添加了许多其他默认设置，如用户主目录和 shell 版本等。

2.　采用指定设置添加用户

[root@localhost ~] # useradd student2-u 550 -g 100 -d /home/ student2 -s /bin/bash -e 08/02/06 student2

以上参数可以随意搭配，具体含义如下：

- -u 参数：设置用户的 UID 为 550。
- -g 参数：指定用户所属的用户组，但该用户组必须已经存在。参数采用组名或 GID 均可，如-g 100 与-g users 的意思相同，都是把用户加入到 users 用户组中，其中 users 用户组的 GID 为 100。
- -d 参数：建立用户目录，如-d /home/user1 就是替用户建立位于/home 目录下的用户目录，目录名称为 user1。
- -s 参数：指定用户环境，如-s /bin/bash 指定 bash 为该用户的 shell。当然也可指定其他 shell 供用户使用。
- -e 参数：设置账号的期限，格式为"月/日/年"，如-e 08/02/06 为 2006 年 8 月 2 日。
- -m 参数：创建用户的同时创建用户主目录。

任务3　设置用户账户口令

1.　root 修改用户 student1 的密码属性

【操作】

[root@localhost ~] # passwd student1

运行结果如图 5-3 所示。输入的新密码默认状态下是不显示的，输入完毕后按回车键即可继续。

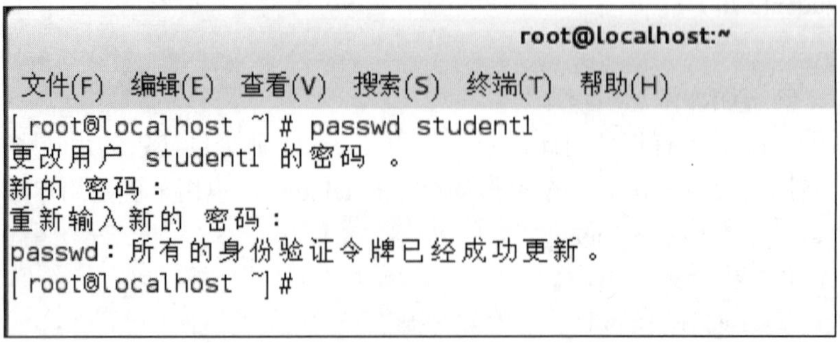

图 5-3　root 修改用户 student2 的密码结果

修改用户的密码需要两次输入密码进行确认。密码是保证系统安全的一个重要措施，在设置密码时，不要使用过于简单的密码。

技巧：为了安全，密码最好具备如下几个特性：

（1）密码中含有数个特殊字符（如\$#@^&*）及数字键等。

（2）密码长度至少要到 6～8 位。

（3）最好是没有特殊意义的字母或数字组合，并且夹着很多的特殊字符。

2. 修改当前用户密码

【操作】

用命令修改当前用户的密码，例如目前是以 root 身份登录，修改密码命令如下：

[root@localhost ~] # passwd

运行结果如图 5-4 所示。

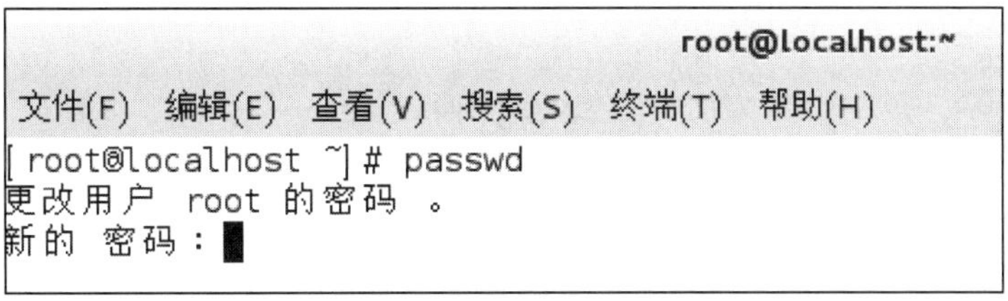

```
                                    root@localhost:~
文件(F)  编辑(E)  查看(V)  搜索(S)  终端(T)  帮助(H)
[ root@localhost ~] # passwd
更改用户 root 的密码 。
新的 密码 ：█
```

图 5-4　修改当前用户密码结果

3. 锁定用户账号 student1，使其无法登录

在系统中，有时需要临时禁止某个用户账号登录。

【操作】

[root@localhost ~] # passwd -l student1

运行结果如图 5-5 所示。

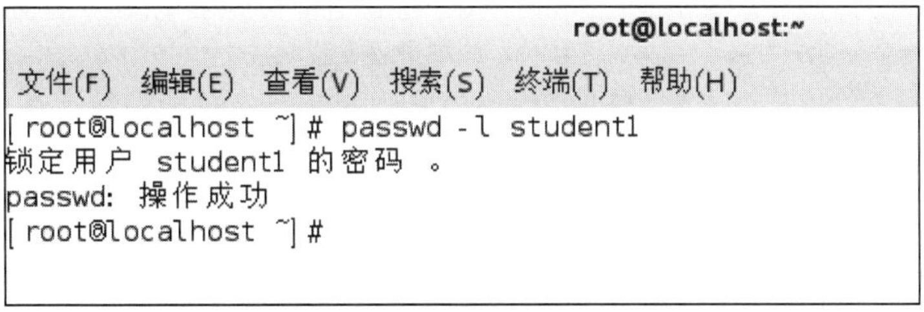

```
                                    root@localhost:~
文件(F)  编辑(E)  查看(V)  搜索(S)  终端(T)  帮助(H)
[ root@localhost ~] # passwd -l student1
锁定用户 student1 的密码 。
passwd: 操作成功
[ root@localhost ~] #
```

图 5-5　锁定用户账号结果

查看 Linux 系统中管理用户账号的系统文件/etc/shadow，可看到其密码域的第一个字符前加了符号“!”（若系统没有密码保护则文件为/etc/passwd）。

[root@localhost ~] # cat /etc/shadow

…

student1:!\$1\$RsHiGgoC\$8Smk4/kUG.SOtJzudwCXa1:13713:0:99999:7:::

…

技巧：也可修改/etc/passwd 文件来锁定用户账号 student1，在该用户的 passwd 域的第一个字符前加一个“#”注销这行记录，如果要启用时再去掉“#”。

4. 解除用户账号 student1 锁定

【操作】

[root@localhost ~] # passwd -u student1

任务 4   维护用户账户

1. 修改用户默认设置

很明显在大多数情况下，用户希望修改默认设置，以满足实际的要求。比如说，想修改默认 shell 版本为使用较多的/bin/bash。与添加用户的默认设置有关的文件主要是/etc/login.defs 和/etc/default/useradd 文件。

【操作】

（1）/etc/login.defs 文件的参数设置。

```
MAIL_DIR /var/spool/mail          //邮件预设目录处
PASS_MAX_DAYS 99999               //密码需要变更的时间
PASS_MIN_DAYS 0                   //密码多久需要变更
PASS_MIN_LEN 5                    //密码的最小长度（这个可以改大一些）
PASS_WARN_AGE 7                   //密码快要失效之前几天发出警告信息
UID_MIN 500                       //预设账号最小起算的 UID 数目（最小为 500）
UID_MAX 60000                     //最大的 UID 限制
GID_MIN 500                       //GID 限制
GID_MAX 60000                     //GID 限制
CREATE_HOME yes                   //是否建立家目录
```

（2）/etc/default/useradd 文件的参数设置。

```
HOME=/home                        //预设使用者的家目录建立的目录
INACTIVE=-1                       //是否不启动，设定为-1 就是启动
EXPIRE=                           //是否需要设置用户过期时间，如果希望该用户在期限到之后
                                  //就不许登录，此项可以设置天数
SHELL=/bin/sh                     //预设的 shell 版本
SKEL=/etc/skel                    //使用者主目录的内容
```

用 cat 命令查看/etc/default/useradd 文件内容，如图 5-6 所示。

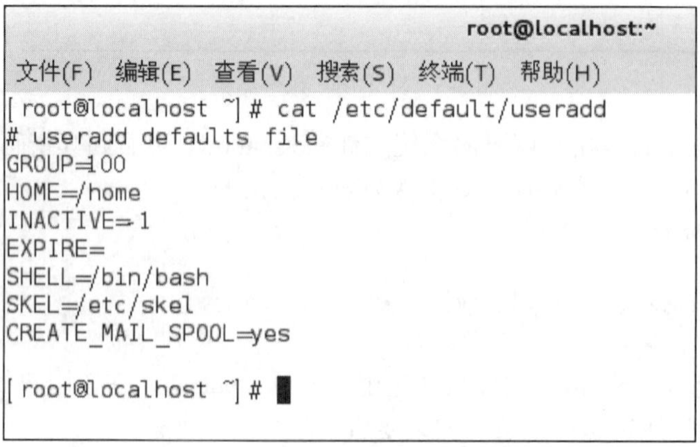

图 5-6   /etc/default/useradd 文件

86

在这个文件中，最需要了解的就是 SKEL。当建立一个名为 testing 的账号时，预设的主目录会是/home/testing，而这个目录的内容就是由/etc/skel 复制过去的。所以，当想要让用户的预设主目录内容更改时，可以直接将要更改的数据写在/etc/skel 文件当中。

2. 用 usermod 改变用户的属性

usermod 命令用来进行账号相关数据的微调，命令格式为：

```
# usermod [-cdegGlauLU] username
```

参数：

- -c：后面接账号说明，即/etc/passwd 第 5 列的说明。
- -d：后面接账号的主文件夹，即修改/etc/passwd 的第 6 列。
- -e：后面接日期，格式是 YYYY-MM-DD，也就是 etc/shadow 内第 8 个字段数据。
- -f：后面接天数，为 etc/shadow 内第 7 个字段数据。
- -g：后面接初始用户组，修改/etc/passwd 的第 4 个字段，即 GID 字段。
- -G：后面接次要用户组，修改这个用户能够支持的用户组，修改的是/etc/group。
- -a：与-G 合用可获次要用户组的支持而非设置。
- -l：更改账户的名称，必须在该用户未登录的情况下才能使用。
- -s：修改用户的登录 shell。
- -u：后面接 UID 数字，即/etc/passwd 第 3 列的数据。
- -L：暂时将用户密码冻结，让他无法登录。
- -U：将 etc/shadow 密码列的 "！" 去掉。

【操作】

（1）修改用户 student2 的 UID 为新的值 600、所属组为 admin。

```
[root@localhost ~] # usermod -u 600 -g admin studnet2
```

改变用户的 UID 时，主目录下所有该用户所拥有的文件或子目录将自动更改其 UID，但对于主目录之外的文件和目录只能用 chown 命令手工进行设置。

（2）修改 student1 的用户主目录。

```
[root@localhost ~] # mkdir    /student1
[root@localhost ~] # usermod -d  /student1 studnet1
```

3. 用 chsh 命令改变用户的 shell 版本

【操作】

（1）列出本机上所有能用的 shell 名称。

```
[root@localhost ~] # chsh -l
/bin/sh
/bin/bash
/sbin/nologin
/usr/bin/sh
/usr/bin/bash
/usr/sbin/nologin
/bin/tcsh
/bin/csh
```

（2）用户自行改变预设 shell 版本。

```
[root@localhost ~] # chsh -s /bin/csh
```

使用 chsh 命令改变用户的 shell，指定的 shell 一定要在/etc/shells 文件中存在，否则会导致用户无法登录。

4. userdel 删除用户账号

若不再允许用户登录系统时，可以将用户账号删除。

【操作】

（1）只删除 student2 登录账号但保留相关目录。

[root@localhost ~] # userdel student2

只删除/etc/passwd 和/etc/shadow 文件中与用户 student2 有关的内容，其他的（如用户目录等）保留，方便以后再次添加这个用户。其实更好的方法是使用命令暂停用户登录或者将/etc/shadow 中倒数第一个字段设置为 0，这也可以让该账号无法使用，但是所有与该账号相关的数据都会保留下来。

（2）完全删除 student1 登录账号。

[root@localhost ~] # userdel -r student1

删除账号的同时删除用户主目录及其内部文件。

任务 5 组群管理

1. 用 groupadd 添加组名

命令格式：

groupadd [-g gid] [-r] 用户组名

参数：

- -g：后面接某个特定的 GID，用来直接给予某个 GID。
- -r：新建系统用户组。与/etc/login.defs 内的 GID_MIN 有关。

【操作】

添加 group1 组。

[root@localhost ~]# groupadd group1

运行结果如图 5-7 所示。

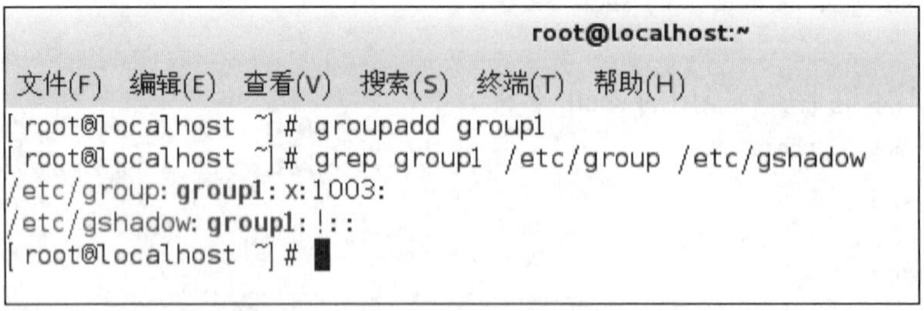

```
                                    root@localhost:~
文件(F)  编辑(E)  查看(V)  搜索(S)  终端(T)  帮助(H)
[ root@localhost ~] # groupadd group1
[ root@localhost ~] # grep group1 /etc/group /etc/gshadow
/etc/group: group1: x:1003:
/etc/gshadow: group1: !::
[ root@localhost ~] # ■
```

图 5-7 添加 group1 组运行结果

还可以通过手工编辑/etc/group 文件来完成组的添加。

2. 用 groupmod 修改组属性

命令格式：

groupmod [-g gid] [-n group_name] 用户组名

参数：

- -g：修改既有的 GID。
- -n：修改既有的组名。

【操作】

（1）修改 group1 组的 GID 为 1005。

[root@localhost ~]# groupmod -g 1005 group1

运行结果如图 5-8 所示。

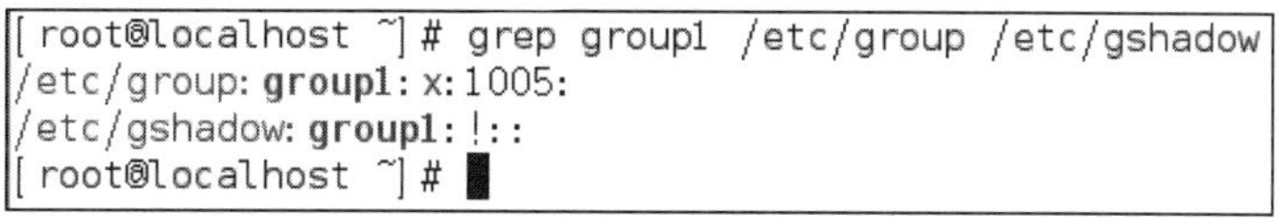

```
[root@localhost ~]# grep group1 /etc/group /etc/gshadow
/etc/group: group1: x: 1005:
/etc/gshadow: group1: !::
[root@localhost ~]#
```

图 5-8　修改 group1 组成的 GID 为 1005 的运行结果

（2）修改 user 组的名为 group2。

[root@localhost ~]# groupmod -n group2　group1

运行结果如图 5-9 所示。

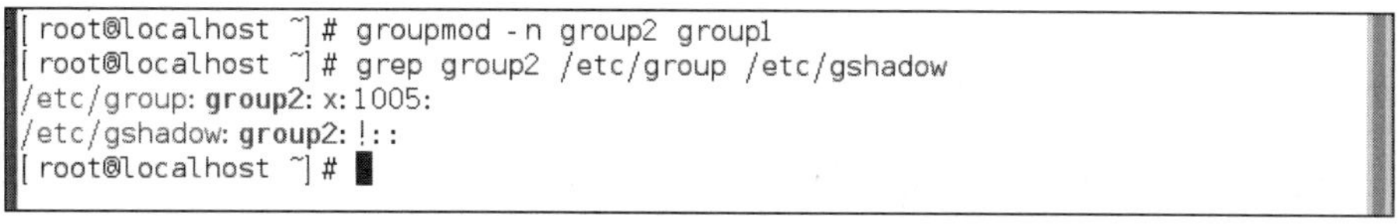

```
[root@localhost ~]# groupmod -n group2 group1
[root@localhost ~]# grep group2 /etc/group /etc/gshadow
/etc/group: group2: x: 1005:
/etc/gshadow: group2: !::
[root@localhost ~]#
```

图 5-9　修改 user 组的名为 group2 的运行结果

3. 用 gpasswd 改变组中的成员用户或改变组的密码

gpasswd 命令不仅可以修改组密码，而且可以添加和删除组成员。

命令格式：

gpasswd [-ad]　user　groupname

参数：

- -a：添加组成员，每次只能加一个。
- -d：删除组成员，每次只能删一个。

【操作】

（1）添加 student 用户到 user1 组。

[root@localhost ~]# gpasswd -a student1 group2

运行结果如图 5-10 所示。

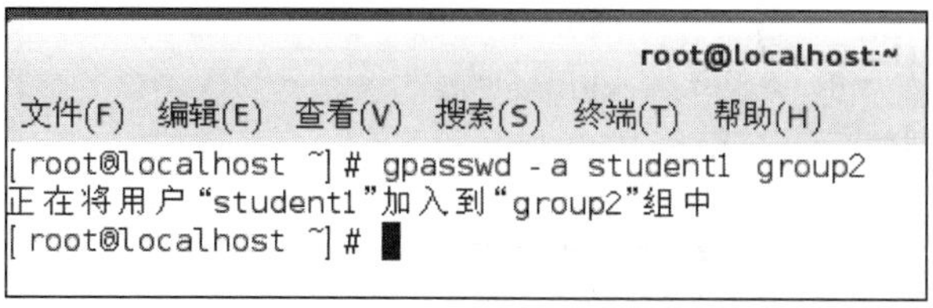

```
                                    root@localhost:~
文件(F)  编辑(E)  查看(V)  搜索(S)  终端(T)  帮助(H)
[root@localhost ~]# gpasswd -a student1 group2
正在将用户"student1"加入到"group2"组中
[root@localhost ~]#
```

图 5-10　添加 student 用户到 user1 组的运行结果

（2）从 user1 组删除 student 用户。

[root@localhost ~]# gpasswd -d student1 group2

运行结果如图 5-11 所示。

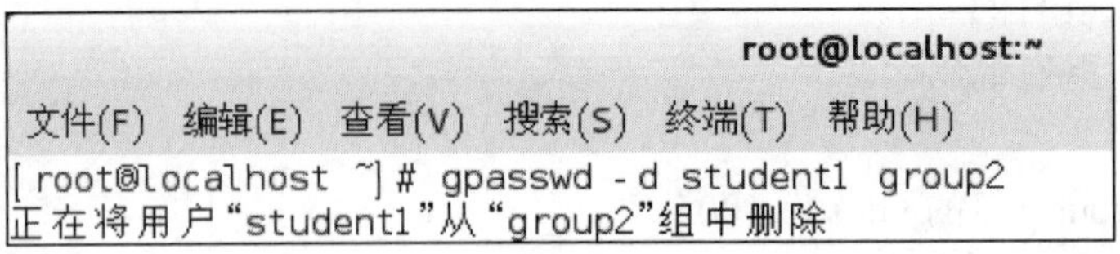

```
root@localhost:~
文件(F)  编辑(E)  查看(V)  搜索(S)  终端(T)  帮助(H)
[root@localhost ~]# gpasswd -d student1 group2
正在将用户"student1"从"group2"组中删除
```

图 5-11　以 user1 组删除 student 用户的运行结果

（3）修改 group2 组密码。

```
[root@localhost ~]# gpasswd group2
正在修改 group2 组的密码
新密码：
请重新输入新密码：
```

4. groupdel（删除组）

命令格式：

```
# groupdel [groupname]
```

【操作】

删除组 group2。

```
[root@localhost ~]# groupdel group2
```

任务 6　使用用户管理器管理用户和组群

1. 新建用户

以 root 用户进入系统，可以创建新的用户。

【操作】

（1）单击"应用程序"→"系统工具"→"设置"命令，如图 5-12 所示。

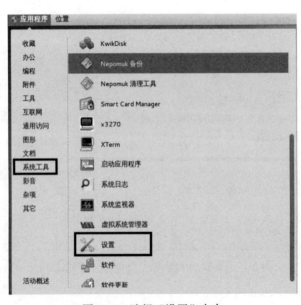

图 5-12　选择"设置"命令

（2）在弹出的"设置"对话框（如图 5-13 所示）中单击"用户"，打开"设置用户"对话框，如图 5-14 所示。

图 5-13　"设置"窗口

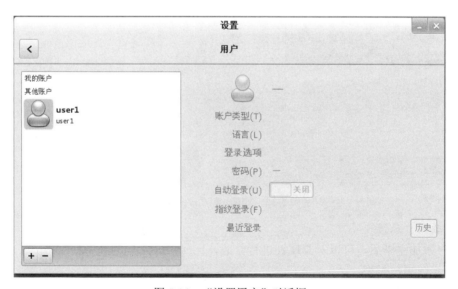

图 5-14　"设置用户"对话框

（3）单击对话框左下角的"+"按钮，打开"添加账户"对话框，选择账户类型，填写用户名称，如图 5-15 所示。

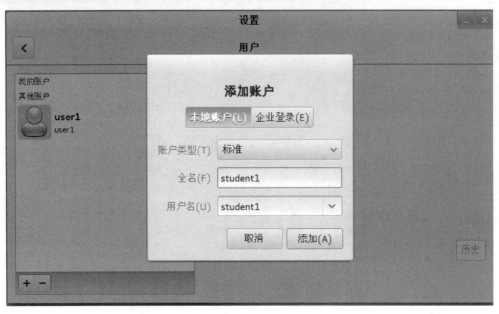

图 5-15　"添加账户"对话框

（4）账户类型和用户名称设置好后单击"添加"按钮，完成用户添加，如图 5-16 所示。

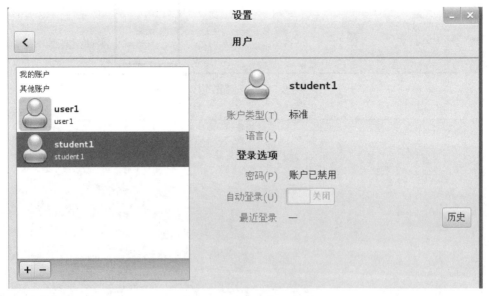

图 5-16　添加用户完成界面

2. 修改用户属性

新用户添加完毕后，可以对其属性进行修改，比如修改用户的类型和密码。

（1）修改用户类型。

【操作】

在"设置用户"对话框中单击"账户类型"下拉列表框，可以修改账户类型，如图 5-17 所示。

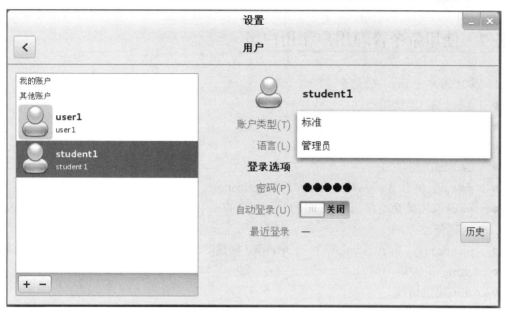

图 5-17　修改账号类型

（2）修改密码。

【操作】

在"设置用户"对话框中单击"新密码"后的文本框，密码框处于可编写状态，此时可以对用户密码进行修改，修改过程中会对密码的安全级别进行提示，级别低的密码不能进行修改。密码级别通过验证后，"更改"按钮处于可单击状态，单击此按钮完成密码修改，如图 5-18所示。

图 5-18　修改密码

任务 7　使用命令管理用户和用户组

1. 管理用户（user）的命令
- useradd：添加用户。
- adduser：添加用户。
- usermod：修改用户登录名、家目录等。
- userdel：删除用户。
- pwcov：同步用户从/etc/passwd 到/etc/shadow。
- pwck：校验命令，用来检查用户配置文件/etc/passwd 和/etc/shadow 的内容是否正确或完整。
- pwunconv：从/etc/shadow 和/etc/passwd 创建/etc/passwd，然后删除/etc/shadow 文件。
- chfn：更改用户信息。
- su：用户切换。
- finger：查看用户信息。
- id：查看用户的 UID、GID 及所归属的用户组。
- passwd：设置用户密码。
- sudo：以系统管理者的身份执行指令，也就是说，经由 sudo 所执行的指令就好像是 root 亲自执行。

2. 管理用户组（group）的命令
- groupadd：添加用户组。
- groupdel：删除用户组。
- groupmod：修改用户组信息。
- groups：显示用户所属的用户组。
- grpck：检查用户组文件 etc/group 和密码文件/etc/gshadow 的完整性。
- grpconv：开启群组的投影密码。
- grpunconv：用来关闭群组的投影密码。它会把密码从 gshadow 文件内回存到 group 文件里。

【操作】

（1）创建用户 user1。

```
[root@localhost ~]# useradd user1
```

（2）创建 user2，指定有效期 2009-12-30 到期。

```
[root@localhost ~]# useradd -e 12/30/2019 user2
```

（3）给 user1 和 user2 设置密码。

```
[root@localhost ~]# passwd user1
更改用户 user1 的密码。
新的密码：
重新输入新的密码：
passwd：所有的身份验证令牌已经成功更新。
[root@localhost ~]# passwd user2
```

更改用户 user2 的密码。
新的密码：
重新输入新的密码：
passwd：所有的身份验证令牌已经成功更新。
[root@localhost ~]#

（4）将用户 user1 的登录名改为 user3。

[root@localhost ~]# usermod -l user3 user1

（5）创建用户组 group1。

[root@localhost ~]# groupadd -g 888 group1

（6）将用户 user3 加入到 group1 组中。

[root@localhost ~]# usermod -a group1 user3

（7）将用户 user3 的目录改为/group1/user3。

[root@localhost ~]# usermod -d /group1/user3 user3

（8）删除用户 user2。

[root@localhost ~]# userdel user2

（9）查看 user3 的 id。

[root@localhost ~]# id user3

（10）查看 user3 的主目录、启动 shell、用户名、地址、电话等信息。

[root@localhost ~]# finger user3

（11）把 user3 退出 group1 组。

[root@localhost ~]# gpasswd -d user3　　group1

（12）修改 group1 的组名为 group。

[root@localhost ~]# groupmod -n group1 group

（13）groupdel 删除组。

[root@localhost ~]# groupdel　group

项目总结

　　Linux 是一个多任务、多用户的操作系统，对用户和组进行管理是其重要的方面。通过完成本项目，学生可以掌握用户和组的概念、用户和组的相关文件：/etc/passwd、/etc/shadow 和/etc/group。同时也可以学会使用命令环境与图形环境对 Linux 的用户和组进行管理。

思考与练习

一、选择题

1．改变文件或目录的访问权限使用（　　）命令。
　　A．chmod　　　　B．chown　　　　C．usermod　　　　D．chsh
2．锁定用户账号使用（　　）命令。
　　A．passwd -u　　B．passwd -l　　C．usermod　　　　D．userdel
3．用户权限"rw"使用数字表示是（　　）。

　　A．5　　　　　　　　　B．4　　　　　　　　C．6　　　　　　　　　　D．7

二、填空题

1．删除用户使用_____命令。

2．删除用户组使用_____命令。

3．为安全起见，Linux 系统对密码提供了更多一层的保护，即把加密后的密码重定向到另一个文件_____。

4．设置修改用户的密码用_____命令。

5．一个文件的属性为 -rwxrwxrwx 时，这个文档的属性是_____。

三、简答题

1．/etc/passwd 文件中的一行为"student:x:1000:1000::/home/ student:/bin/bash"，请解释各字段的含义。

2．分别用命令行方式和图形化方式为系统创建两个用户，并使其属于同一组。

3．创建一个用户，使其不使用密码便可登录系统。

4．用命令行方式删除创建的用户 user1。

技能实训

实训 1：查看用户和组的相关文件

一、实训描述

管理员要对公司的计算机进行管理维护，主要工作是对几个文件进行添加、修改和删除记录行等操作，包括查看用户账号文件、用户密码文件、组账号文件、组密码文件。

二、实训步骤

（1）查看/etc/passwd（用户账号文件）。

查看用户账号文件使用 cat 命令，输入命令如下：

```
[root@localhost ~]# cat /etc/passwd
root:x:0:0:root:/root:/bin/bash
…
gdm:x:109:118:Gnome Display Manager:/var/lib/gdm:/bin/false
student:x:1000:1000:student,,,:/home/ student :/bin/bash
```

命令输入后可以看到文件中第一行是 root 用户，然后是系统用户，最后为普通用户。

说明：passwd 文件中的一行由 7 个字段的数据组成，字段之间用":"分隔，格式如下：

```
账号名称:密码:UID:GID:个人资料:主目录:shell
```

（2）查看/etc/shadow（用户密码文件）。

查看用户密码文件使用 cat 命令，输入命令如下：

```
[root@localhost ~]# cat /etc/shadow
root:$1$PFieTQav$i1t3fN0gA.mj0H7a.tepU.:13654:0:99999:7:::
gdm:!:13651:0:99999:7:::
student:$1$C/Q/TNbH$FEyAezCcJSRyKaKH/bYjO/:13651:0:99999:7:::
```

shadow 文件中的一行由 9 个字段组成，格式如下：

用户名:密码:最后一次修改时间:最小时间间隔:最大时间间隔:警告时间:不活动时间:失效时间:标志字段

（3）/etc/group（组账号文件）。

查看组账号文件使用 cat 命令，输入命令如下：

```
[root@localhost ~]# cat /etc/group
root:x:0:
…
student:x:1000:
```

组账号文件的一行由 4 个字段的数据组成，字段之间用"："分隔，格式如下：

组名称:组密码:GID:组包括的账号名称

（4）查看/etc/gshadow（组密码文件）。

在计算机上使用 cat 命令查看组密码文件，输入命令如下：

```
[root@localhost ~]# cat /etc/group
root:*::
…
student:!::
```

（5）添加用户默认属性文件。

添加用户默认属性文件是/etc/login.defs 与/etc/default/useradd。

1）/etc/login.defs 文件的参数设置如下：

```
MAIL_DIR /var/spool/mail      //邮件预设目录摆放处
PASS_MAX_DAYS 99999           //密码需要变更的时间
PASS_MIN_DAYS 0               //密码多久需要变更
PASS_MIN_LEN 5                //密码的最小长度（这个可以改大一些）
PASS_WARN_AGE 7               //密码快要失效之前几天发出警告信息
UID_MIN 500                   //预设账号最小起算的 UID 数目（最小为 500）
UID_MAX 60000                 //最大的 UID 限制
GID_MIN 500                   //GID 限制
GID_MAX 60000                 //GID 限制
CREATE_HOME yes               //是否建立家目录
```

2）/etc/default/useradd 文件的参数设置如下：

```
HOME=/home                    //预设用户的主目录
INACTIVE=-1                   //是否不启动，设定为-1 就是启动
EXPIRE=                       //是否需要设定用户过期时间，如果希望该用户在期限到之后就不许
                              //登录，此项可以设定天数
SHELL=/bin/sh                 //预设的 shell 版本
SKEL=/etc/skel                //使用者主目录的内容
```

实训 2: 文本环境管理用户与组

一、实训描述

公司要求系统管理员用文本环境管理用户与组，实现用户管理功能和组管理功能，包括添加用户、删除用户、添加用户到组、修改用户密码等操作。

二、实训步骤

（1）用户管理。

1）创建一个新用户 user1，设置其主目录为/home/user1。

```
[root@localhost ~]# useradd -d /home/user1 -m user1
```

2）查看/etc/passwd 文件的最后一行，看看信息是如何记录的。

```
[root@localhost ~]# tail -1 /etc/passwd
```

3）查看/etc/shadow 文件的最后一行内容。

4）为用户 user1 设置密码。

```
[root@localhost ~]# passwd user1
```

5）再次查看/etc/shadow 文件，观察其最后一行是否有变化。

6）使用 user1 用户登录系统，看能否登录成功。

7）如果在图形环境中执行用户切换命令，单击"切换用户"按钮，如图 5-19 所示。

图 5-19　退出系统

8）如果是在文本环境，请输入：

```
[root@localhost ~]# logout                    //退出 shell 重新登录
```

9）锁定用户 user1。

```
[root@localhost ~]# passwd -l user1
```

10）查看/etc/shadow 文件最后一行是否变化。

项目　五

[root@localhost ~]# cat /etc/shadow

11）再次使用 user1 用户登录系统，看能否登录成功。

12）解除对用户 user1 的锁定。

[root@localhost ~]# passwd -u user1

13）更改用户 user1 的账户名为 user2。

[root@localhost ~]# usermod -l user2 user1

14）查看/etc/passwd 文件的最后一行的用户名称是否变化。

[root@localhost ~]# cat /etc/passwd

15）删除用户 user2。

[root@localhost ~]# userdel user2

（2）组管理。

1）创建一个新组 g1。

[root@localhost ~]# groupadd g1

2）查看/etc/group 文件的最后一行，看看是如何设置的。

[root@localhost ~]# cat /etc/group

3）创建一个新账户 user3，并把它的起始组和附属组都设为 g1。

[root@localhost ~]# useradd -g g1 -G stuff user3

4）查看/etc/group 文件中的最后一行，看看有什么变化。

[root@localhost ~]# cat /etc/group

5）为组 stuff 设置组密码。

[root@localhost ~]# gpasswd g1

6）在组 stuff 中删除用户 user3。

[root@localhost ~]# gpasswd -d user3 g1

7）再次查看/etc/group 文件中的最后一行是否变化。

[root@localhost ~]# cat /etc/group

8）删除组 g1。

[root@localhost ~]# groupdel g1

项目六

管理文件系统和磁盘

学习目标

- 了解 Linux 常用文件系统。
- 能够进行文件权限设置。
- 熟练使用常用磁盘管理工具。
- 能够设置磁盘配额。

项目背景

经理打算让小张接手 Linux 文件系统和磁盘管理的工作，他给小张报了一个短期培训班。小张不解地说："经理，我会使用 Windows 系统的文件和磁盘管理，还用再学习吗？"经理笑着说："Linux 与 Windows 有完全不同的设计理念，它们的管理也是不同的。Linux 有众多提高管理效率的命令行小工具。系统管理的重要任务之一就是管理好自己的磁盘文件系统，每个分区不可太大也不能太小，太大会造成磁盘容量的浪费，太小则会产生文件无法存储的困扰。"

任务1　了解文件系统

Linux 文件系统中的文件是数据的集合，文件系统不仅包含着文件中的数据而且还有文件系统的结构，所有 Linux 用户和程序看到的文件、目录、软连接及文件保护信息等都存储在其中。操作系统通过文件系统可以方便地查询和访问其中所包含的磁盘块。磁盘分区后并不能立即使用，而是需要建立文件系统。在 Linux 中建立文件系统的过程就是进行格式化的过程，一个分区只有建立了某种文件系统后，这个分区才能使用。

Linux 最重要的特征之一就是支持多种文件系统，这样更加灵活，并且可以和许多其他操作系统共存。其几乎支持目前所有主流的文件系统，比如 ext2、ext3、ReiserFS、HFS（MAC 操作系统的文件系统）、swap 交换分区、NTFS（只读）、FAT（可读可写）。下面对常用的 Linux 文件系统进行简单介绍。

1. ext2

ext2 是可扩展的、高性能的文件系统，又被称为二级扩展文件系统。ext2 于 1993 年发布，是 Linux 文件系统类型中使用最多的格式，并且在速度和 CPU 利用率上较为突出，是 GNU/Linux 系统中标准的文件系统。它存取文件的性能极好，对于中小型的文件更显示出优势，这主要得益于其簇快取层的优良设计。2000 年以前几乎所有的 Linux 发行版都使用 ext2 作为默认的文件系统。

2. ext3

ext3 是由开放资源社区开发的日志文件系统，被设计成 ext2 的升级版本，尽可能方便用户从 ext2 向 ext3 迁移。ext3 在 ext2 的基础上加入了记录元数据的日志功能，着力保持向前和向后的兼容性，也就是在保有目前 ext2 的格式之下再加上日志功能。和 ext2 相比，ext3 提供了更佳的安全性。由于文件系统都有快取层参与运作，如不使用时必须将文件系统卸下，以便将快取层的数据写回磁盘中。如果现在使用的是 ext2 文件系统，并且对数据安全性能要求很高，则建议考虑升级使用 ext3。

3. JFS

JFS 是一种提供日志的字节级文件系统。该文件系统主要是为满足服务器（从单处理器系统到高级多处理器和群集系统）的高吞吐量和可靠性能需求而设计开发的。JFS 也是一个有大量用户安装使用的企业级文件系统，具有可伸缩性和健壮性。与非日志文件系统相比，它的突出优点是快速重启能力，能够在几秒或几分钟内就把文件系统恢复到一致状态。

4. XFS

XFS 是一种非常优秀的日志文件系统，是由 SGI 于 20 世纪 90 年代初开发的。XFS 推出后被业界称为先进的、最具升级性的文件系统技术。它是一个全 64 位、快速、稳固的日志文件系统。作为一个 64 位文件系统，XFS 可以支持超大数量的文件（9000×1GB），可在大型 2D 和 3D 数据方面发挥显著的性能。XFS 有能力预测其他文件系统的薄弱环节，同时提供了在不妨碍性能的情况下增强可靠性和快速事故恢复的能力。

以上文件系统各有利弊，总的说来，ext3 浪费过多的空间而且格式化比较慢；ReiserFS 挂载时间长，而且对于日常操作会产生比较多的页错误；JFS 的 CPU 占用率最低（不过在速度上还是有些慢）。综合起来看，XFS 更适合作为家用和小型商用文件服务器的文件系统。

Linux 采用虚拟文件系统（Virtual File System，VFS）技术，该技术实际上是一种软件机制，是 Linux 文件系统对外的接口。任何要使用实际的文件系统的程序都必须经由这层接口。实际上，Linux 下的文件系统主要分为三大块：一是上层的文件系统的系统调用；二是虚拟文件系统（VFS）；三是挂载到 VFS 中的各种实际文件系统，例如 ext3、XFS。虚拟文件系统将特定的文件系统（ext3、XFS 等）的所有细节进行了转换，提供一个公共的接口给 Linux 操作系统，所以 Linux 核心及系统中运行的程序将看到统一的文件系统，即虚拟文件系统，这也是 Linux 支持多种文件系统的本质所在。

任务 2　分析 Linux 文件系统目录结构

1. 文件目录结构

Linux 的文件系统采用分层结构，其顶层为根目录，根目录下面有很多分支，大的分支包括更多的分支，分支的末梢是普通的文件。即逻辑上所有的目录只有一个顶点/（根），所有目录的起点，在根目录下是不同的子目录，包括 bin、dev、et、lib、mnt、tmp、usr 等，各子目录的作用如表 6-1 所示。

表 6-1　目录结构描述

目录	描述
/	整个文件系统层次结构的根目录
/bin/	常用二进制命令所在的目录
/boot	Linux 的内核及引导系统程序所需的文件目录
/dev/	设备的文件的目录，比如声卡、磁盘、光驱等
/etc/	二进制安装包的配置文件默认路径和服务启动命令存放的目录/etc/init.d/(yum,rpm)
/home	普通用户的家目录默认数据存放目录
/lib	/bin 和/sbin/中二进制文件必要的库文件
/media	可移除媒体
/lost+found	存放当系统意外崩溃或机器意外关机时产生的一些文件碎片
/mnt	用于临时挂载存储设备的挂载目录
/opt	表示的是可选择的意思，有些软件包也会被安装在这里，也就是自定义软件包，我们自己编译的软件包就可以安装在这个目录中
/proc	存放/proc 操作系统运行时的进程信息及内核信息
/root	超级用户的家目录
/sbin	存放超级权限用户 root 的可执行命令
/srv	站点的具体数据，由系统提供
/tmp	用来存放临时文件
/usr	系统存放程序的目录
/var	变量文件

2. 子目录介绍

（1）/etc/目录。用于保存所有管理文件和配置文件，如表 6-2 所示。

表 6-2　/etc/目录结构描述

目录	描述
/etc/rc /etc/rc.*d	启动或改变运行级时运行的脚本（scripts）或者这些脚本（scripts）的目录
/etc/hosts	本地域名解析文件
/etc/motd	设置认证后的输出信息

目录	描述
/etc/mttab	当前安装的文件系统列表。由 scripts 初始化，并由 mount 命令自动更新
/etc/exports	设置 NFS 系统用的配置文件路径
/etc/init.d	用来存放系统启动脚本
/etc/issue	认证前的输出信息，默认输出版本内核信息
/etc/group	类似/etc/passwd，但说明的不是用户而是组
/etc/sudoes	sudo 命令的配置文件
/etc/syslog.conf	系统日志参数设置
/etc/securetty	确认安全终端，即哪个终端允许 root 登录
/etc/printcap	类似/etc/termcap，但针对打印机，语法不同
/etc/shells	检查用户 shell 是否列在 /etc/shells 文件中，如果不是将不允许该用户登录
/etc/xinetd.d	如果服务器是通过 xinetd 模式运行的，它的脚本要放在这个目录下
/etc/opt/	/opt/的配置文件
/etc/x11	X_Window 系统（版本 11）的配置文件
/etc/sgml	SGML 的配置文件
/etc/xml	XML 的配置文件
/etc/skel	默认创建用户时，把该目录拷贝到家目录下
/etc/sysconfig/network	配置修改主机名
/etc/resolv.conf	DNS 服务器配置
/etc/fstab	磁盘挂载列表
/etc/inittab	设定系统启动时 init 进程将把系统设置成什么样的 runlevel 及加载相关的启动文件配置

（2）/var/目录。/var 包括系统一般运行时要改变的数据。每个系统是特定的，即不通过网络与其他计算机共享。具体描述如表 6-3 所示。

表 6-3　/var/目录结构描述

目录	描述
/var/log/message	日志信息，按周自动轮询
/var/spool/cron/root	定时器配置文件目录，默认按用户命令
/var/log/secure	记录登录系统存取信息的文件，不管认证成功还是认证失败都会记录
/var/log/wtmp	记录登录者信息的文件：last、who、w
/var/spool/clientmqeue	当邮件服务未开启时，所有信息将发到此目录中
/var/spool/mail	邮件目录
/var/tmp	比/tmp 允许的大或需要存在较长时间的临时文件（虽然系统管理员可能不允许 /var/tmp 有很旧的文件）

续表

目录	描述
/var/local	/usr/local 中安装的程序的可变数据（即系统管理员安装的程序）。如果必要，即使本地安装的程序也会使用其他/var/目录，例如/var/lock
/var/lock	锁定文件。许多程序遵循在/var/lock 中产生一个锁定文件的约定，以支持他们正在使用某个特定的设备或文件。其他程序注意到这个锁定文件，将不试图使用这个设备或文件
/var/log/	各种程序的 Log 文件，特别是 login（/var/log/wtmp log 所有到系统的登录和注销）和 syslog（/var/log/messages 里存储所有核心和系统程序信息）。/var/log 里的文件经常不确定地增长，应该定期清除
/var/run	保存到下次引导前有效的关于系统的信息文件。例如，/var/run/utmp 包含当前登录的用户的信息
/var/cache/	应用程序缓存数据。这些数据是在本地生成的一个耗时的 I/O 或计算结果。应用程序必须能够再生或恢复数据。缓存的文件可以被删除而不会导致数据丢失

（3）/proc 目录。虚拟文件系统，系统信息都存放在这个目录下，将内核与进程状态归档为文本文件。具体描述如表 6-4 所示。

表 6-4　/proc 目录结构描述

目录	描述
/proc/meminfo	查看内存信息
/proc/loadavg	存放根据过去一段时间内 CPU 和 I/O 的状态得出的负载状态
/proc/uptime	存放 uptime 会出现的信息
/proc/cpuinfo	存放关于处理器的信息
/proc/cmdline	加载 kernel 时所下达的相关参数
/proc/filesystems	目前系统已经加载的文件系统
/proc/interrupts	目前系统上的 IRQ 分配状态
/proc/ioports	目前系统上各个装置所配置的 I/O 位址
/proc/kcore	内存的大小
/proc/modules	存放目前 Linux 已经加载的模块列表
/proc/mount	系统已经挂载的数据
/proc/swaps	存放使用掉的 partition
/proc/parttions	存放使用 fdisk -l 会出现的所有 partition
/proc/pci	在 PCI 汇流排上面每个装置的详细情况
/proc/version	核心的版本
/proc/bus/*	一些汇流排的装置和 U 盘的装置

（4）/usr/目录。这是系统存放程序的目录，当安装一些软件包时，基本上就安装在该目录中。具体描述如表 6-5 所示。

表 6-5　/usr/目录结构描述

目录	描述
/usr/lib	存放一些常用的动态链接共享库和静态文件库
/usr/man	存放帮助文档
/usr/X11R6	存放 X-Window 的目录
/usr/games	存放 XteamLinux 自带的小游戏
/usr/doc	Linux 技术文档
/usr/include	存放 Linux 下开发和编译应用程序所需的头文件
/usr/src	存放 Linux 开放的源代码
/usr/X11R6	X-Window 系统版本 11，Release 6

（5）/dev/目录。/dev/目录下一般存放设备文件，常见设备文件如表 6-6 所示。

表 6-6　/dev/目录结构描述

目录	描述
/dev/hd[a-t]	IDE 设备
/dev/random	随机数设备
/dev/loop[0-7]	本地回环设备
/dev/ram[0-15]	内存
/dev/null	无限数据接收设备
/dev/urandom	随机数设备
/dev/zero	无限零资源
/dev/tty[0-63]	虚拟终端
/dev/ttyS[0-3]	串口
/dev/lp[0-3]	并口
/dev/console	控制台
/dev/fb[0-31]	framebuffer
/dev/cdrom	等价于/dev/hdc
/dev/modem	等价于/dev/ttyS[0-9]
/dev/pilot	等价于/dev/ttyS[0-9]
/dev/sd[a-z]	SCSI 设备
/dev/fd[0-7]	标准软驱
/dev/md[0-31]	软 raid 设备

任务 3　管理 Linux 文件权限

在 Linux 中，将文件访问权限分为 3 类用户来进行设置：文件所有者（u）、同组用户（g）

和其他用户（o），可分别为这 3 类用户设置不同的操作权限。不同的用户有着不同的访问权限，通过访问权限确定用户可以用何种方式对文件和目录进行访问和操作。访问权限规定了不同用户的 3 种访问文件或目录的方式：读（r）、写（w）、可执行或查找（x）。

1．了解文件访问权限

创建一个文件时，系统会自动地赋予文件所有者读和写的权限，这样可以允许所有者查看和修改文件。文件所有者可以修改这些权限。读（r）权限表示只允许指定用户读取相应文件的内容，而不能更改文件的内容。写（w）权限表示允许指定用户打开并修改文件。执行（x）权限表示允许指定用户将该文件作为一个程序执行。

2．了解目录访问权限

读权限表示可以列出存储在该目录下的文件，即读目录内容。写权限表示允许从目录中删除或创建新的文件或目录。执行权限表示允许在目录中查找，并能用 cd 命令将工作目录切换到该目录。用 chmod 命令可改变文件或目录的访问权限。一般来说，给定目录 r 权限的同时要给定 x 权限。

3．修改文件权限

使用 chmod 命令可以修改文件的权限。命令格式如下：

chmod　[用户类型] [+|-|=]　[权限字符]　文件名

基本上，文件或目录的 9 个属性分别属于文件所有者、同组用户、其他用户这 3 类用户。"用户类型"可以用以下字母中的一个或者它们的组合来表示需要设置权限的部分：

- u（user）：表示文件的所有者。
- g（group）：表示文件的所属组。
- o（others）：表示其他用户。
- a（all）：代表所有用户，即 u+g+o。

紧跟在用户类型后面的是操作符，意义如下：

- +：添加某个权限。
- -：取消某个权限。
- =：赋予给定权限并取消其他所有权限。

权限字符的含义：r 表示读权限，w 表示写权限，x 表示执行权限。最后要指明是增加（+）还是取消（-）权限，或是只赋予权限（=）。

【操作】

（1）将目录 class 及其下面的所有子目录和文件的权限改为所有用户对其都有读、写权限。

[root@localhost ~]# chmod -R a+rw- class

-R：同时设置子目录的权限。

（2）file.txt 文件的权限是 rw-r—r--，编写指令实现允许同组用户和其他用户也具有修改权限。

[root@localhost ~] #chmod go+w file.txt

（3）使用数字设置权限。

使用数字设置权限的格式：

chmod [数字组合]　文件名

由于 3 类用户的这 9 个属性是每 3 个一组的，因此可以使用数字来代表各个属性，各属性的对照如下：

- r：对应数值 4。
- w：对应数值 2。
- x：对应数值 1。
- 一：对应数值 0。

同类用户权限组合可以是数字的相加。

4．修改所有者

将 file1.txt 文件的所有者修改为 user1。

修改文件的所有者和组的命令为 chown，该命令将指定文件所有者修改为指定的所有者，同时可以指定用户所有的组。只有 root 用户可以更改文件的所有者。只有 root 用户或文件所有者可以更改文件的组。如果是文件所有者但不是 root 用户，则只能将组更改为当前用户所在组。

该命令格式如下：

chown　所有者:组　文件

【操作】

[root@localhost ~]#chown user1: user1 file1.txt

5．改变文件或目录的所属组

改变文件或目录的所属组的命令为 chgrp。只有文件所有者和 root 用户才可以使用该命令。同时改变文件主和文件所属的组时，用户名和用户组名由冒号分开。在文件名中可以包含通配符。命令格式：

chgrp [选项] [组] [文件]

选项参数：

- -c：当发生改变时输出调试信息。
- -f：不显示错误信息。
- -R：处理指定目录以及其子目录下的所有文件。
- -v：运行时显示详细的处理信息。
- --dereference：作用于符号链接的指向，而不是符号链接本身。
- --no-dereference：作用于符号链接本身。

【操作】

[root@localhost ~]#chgrp -v bin log2012.log

6．设置默认权限

新建文件或者目录的默认权限是通过 umask 命令来设置的。在 Linux 系统中，新建文件的权限由系统默认权限和默认权限掩码共同确定，它等于系统默认权限减去默认权限掩码。Linux 系统中目录的默认权限是 777，文件的默认权限是 666。

当创建文件时，文件的权限就设置为创建程序请求的任何权限去掉 umask 屏蔽的权限。公式：

（1）新目录的权限=777-默认权限掩码。

（2）新文件的权限=666-默认权限掩码。

任务 4   使用磁盘管理工具进行分区和格式化

对于 Linux 操作系统的使用者，了解磁盘管理工具的使用是非常必要的。在 Linux 系统中，一块新磁盘需要经过分区、格式化、挂载 3 个步骤的操作后才可以用来存储文件。

1. 查看磁盘文件信息

磁盘分区需要使用到 fdisk 命令。使用 fdisk -1 命令可以查看目前系统中磁盘的详细信息。通过对/dev/hda 操作，可熟悉 fdisk 的添加、删除分区等操作。

【操作】

在命令提示符下输入：

```
[root@localhost ~]# fdisk -l
```

结果显示：

```
Disk /dev/sda: 8589 MB, 8589934592 bytes
15 heads, 63 sectors/track, 17753 cylinders
Units = cylinders of 945 * 512 = 483840 bytes
Disk /dev/sdb: 8589 MB, 8589934592 bytes
255 heads, 63 sectors/track, 1044 cylinders
Units = cylinders of 16065 * 512 = 8225280 bytes
Device Boot Start End Blocks Id System
/dev/sda1 * 1 998 8016403+ 83 Linux
/dev/sda2 999 1044 369495 5 Extended
/dev/sda5 999 1044 369463+ 82 Linux swap / Solaris
```

fdisk -1 查看的信息中包含磁盘在系统中的名字和大小。通过信息可以看出，这块磁盘有两个硬盘：一个是/dev/sda，这个硬盘没有分区；另一个是 SCSI 接口的硬盘/dev/sdb，已经完全分区。

通过对/dev/sda 操作，可熟悉 fdisk 的添加、删除分区等操作。在命令提示符下输入：

```
[root@localhost ~]# fdisk /dev/sda
```

随后会进入一个与系统交互的界面。输入不同的命令，会实现不同的功能。

2. 添加分区

【操作】

在交互页面中输入 N 可实现添加分区：

（1）这个时候系统会提问。如果已经具有扩展分区（Extended），那么系统会问，要新增的是主分区（Primary）还是逻辑分区（Logical）；而如果还没有扩展分区（Extended），那么系统仅会问要新增主分区（Primary）还是扩展分区（Extended）。当创建了 4 个主分区和 1 个扩展分区后，就仅有逻辑分区可以选择。如果是选择 Primary 的话，按 P 键，否则按 E 键（扩展分区）或 L 键（逻辑分区）。

（2）输入 W，保存分区表并离开 fdisk。当然，如果放弃操作，直接按 Q 键就可以取消刚才的删除操作。

3. 查看/dev/sda 分区信息

通过 fdisk 的 p 指令查看分区信息。

【操作】

```
[root@localhost ~]# fdisk /dev/sda
Command(m for help): p
Disk /dev/sda: 8589 MB, 8589934592 bytes
15 heads, 63 sectors/track, 17753 cylinders
Units = cylinders of 945 * 512 = 483840 bytes
Device Boot Start End Blocks Id System
/dev/hda1 1 1888 41548+ 83 Linux
```

结果显示/dev/sda 已经有一个主分区。

4. 格式化磁盘

格式化磁盘的命令为 mkfs。mkfs 有两种格式化文件系统的命令格式：

```
mkfs -t 文件系统类型 /dev/设备名
```

或者

```
mkfs.文件系统类型 /dev/设备名
```

文件系统包括 bfs、ext2、jfs、ext3、minix、reiserfs、xfs 等。

【操作】

（1）采用 reiserfs 文件系统格式化/dev/hda1 分区。

```
[root@localhost ~]# mkfs -t reiserfs /dev/sda1
```

（2）采用 ext3 文件系统格式化/dev/sda2 分区。

```
[root@localhost ~]# mkfs.ext3 /dev//sda2
```

在 Linux 中还有其他的命令，如 mke2fs 可以对磁盘进行格式化。

任务 5　使用图形化工具进行分区格式化

对于 CentOS 系统，也可以采用图形化的工具 Gparted 进行分区与格式化。

1. 安装 Gparted

在终端输入：

```
[root@localhost ~] # rm -f /var/run/yum.pid
[root@localhost ~] #yum install gparted
```

2. 启动 Gparted

执行"系统"→"系统管理"→Gnome Partition Editor 命令，启动 Gparted，或者在终端运行以下命令：

```
[root@localhost ~]# gparted
```

任务 6　磁盘挂载

在 Linux 系统中，如果想使用某个磁盘分区，能够在该分区上存储和读取数据，需要挂载该磁盘分区。简单地说，在 Linux 系统中，将一个文件系统的顶层目录挂到另一个文件系统的子目录上，使它们成为一个整体，称为挂载，把该子目录称为挂载点（mount point）。

挂载文件系统目前有两种方法：一是通过 mount 来挂载；另一种是通过配置/etc/fstab 文件来开机自动挂载。

1. 使用 mount 命令挂载磁盘

mount　[-参数]　[设备名称]　[挂载点]

常用参数有：

- -a：安装在/etc/fstab 文件中列出的所有文件系统。
- -f：伪装 mount，伪装成检查设备和目录的样子，但并不真正挂载文件系统。
- -n：不把安装记录在/etc/mtab 文件中。
- -r：将文件系统安装为只读。
- -v：详细显示安装信息。
- -w：将文件系统安装为可写，为命令默认情况。
- -t：指定设备的文件系统类型，常见的有：
  - ➢ ext2：Linux 目前常用的文件系统。
  - ➢ msdos：MS-DOS 的 fat，就是 fat16。
  - ➢ vfat：Windows 98 常用的 fat32。
  - ➢ nfs：网络文件系统。
  - ➢ iso9660：CD-ROM 光盘标准文件系统。
  - ➢ ntfs：Windows NT/2000/XP 的文件系统。
  - ➢ auto：自动检测文件系统。
- -o：指定挂载文件系统时的选项，有些也可写到/etc/fstab 中。常用的有：
  - ➢ defaults：使用所有选项的默认值（auto、nouser、rw、suid）。
  - ➢ auto/noauto：允许/不允许以-a 选项进行安装。
  - ➢ dev/nodev：对/不对文件系统上的特殊设备进行解释。
  - ➢ exec/noexec：允许/不允许执行二进制代码。
  - ➢ suid/nosuid：确认/不确认 suid 和 sgid 位。
  - ➢ user/nouser：允许/不允许一般用户挂载。
  - ➢ codepage=XXX：代码页。
  - ➢ iocharset=XXX：字符集。
  - ➢ ro：以只读方式挂载。
  - ➢ rw：以读写方式挂载。
  - ➢ remount：重新安装已经安装了的文件系统。

【操作】

（1）将当前光驱里的光盘制作成光盘镜像文件/home/mulu/disk1.iso。

```
#cp /dev/cdrom /home/mulu/disk1.iso
```

（2）将/home/ mulu /mymulu 目录下所有的目录和文件制作成光盘镜像文件/home/mulu /disk2.iso，光盘卷标为 disk 2。

```
#mkisofs -r -J -V disk2 -o /home/ mulu /disk2.iso /home/ mulu / mymulu
```

（3）建立目录/mulu2/isomo，将 mydisk.iso 挂接到/mymount/vcdrom。

```
#mulu2 / mymount /vcdrom
#mount -o loop -t iso9660 /home/ mulu /disk2.iso / mulu2/ isomo
```

2. 配置/etc/fstab 实现自动挂载文件系统

通过配置/etc/fstab 文件可以实现设定开机时自动挂载文件。开机挂载需要遵循以下原则：

（1）必须最先挂载根目录"/"。

（2）其他挂载点一定要遵守系统目录体系结构原则。

（3）进行卸载时，必须先将工作目录移到挂载点（及其子目录）之外。

【操作】

查看/etc/fstab 文件的内容，修改参数配置。

```
[root@localhost ~] # cat /etc/fstab
# /etc/fstab: static file system information.
# <file system> <mount point> <type> <options> <dump> <pass>
proc /proc proc defaults 0 0
/dev/sda1 / ext3 defaults 0 1
/dev/sda5 none swap sw 0 0
/dev/hdc /media/cdrom udf iso9660 user,noauto 0 0
/dev/fd0 /media/floppy0 auto rw user,noauto 0 0
```

此文件每一行代表一个文件系统，总共分为 6 列，意义如下：

第一列：设备名，在这里表示具体的文件系统，可以使用分区名，如/dev/hda6，也可以使用设备 ID 或者设备标签。

第二列：挂载点，指对应的目录结构。

第三列：文件系统类型，取决于该磁盘在格式化时使用的文件系统。

第四列：文件系统参数，在挂载的时候，可以选择性地加入一些参数，如表 6-7 所示。

表 6-7　自动挂载参数说明

参数	说明
auto/noauto（自动/非自动）	在开机的时候自动或不自动挂载该文件系统，一般光盘和软盘采用 noauto 方式
rw/ro（可写/只读）	让该分区以可写或者只读的方式挂载上来
exec/noexec（可执行/不可执行）	限制在此文件系统内是否可以进行"执行"的工作。如果是纯粹用来存储数据的，那么可以设定为 noexec，比较安全
user/nouser（允许/不允许）	是否允许使用者使用 mount 指令来挂载。一般而言,我们当然不希望 user 身份的人能使用 mount，因为太不安全了，因此这里应该考虑设定为 nouser
usrquota	启动使用者磁盘配额模式支持
grpquota	启动群组磁盘配额模式支持
defaults	同时具有 rw、exec、auto、nouser 等这些功能，所以可以在预设情况中直接设定为该参数

第五列：能否被 dump 备份命令作用，0 代表不做备份，1 代表每天进行 dump 操作，2 代表不定期的 dump 备份操作。

第六列：是否已 flck 检查扇区，通常是根目录需要设定为 1（检验），而其他的文件系统就设定为 0（不检验）。由于 proc 及 swap 与 Windows 并不需要以 fsck 来检验，所以就可以设定为 0。

任务 7　实现 Linux 中的软件 RAID

RAID（Redundant Array of Inexpensive Disks）称为廉价磁盘冗余阵列。磁盘陈列是将多个磁盘组成一个阵列，当作单一磁盘使用，它将数据以分段的方式存储在不同的磁盘中，存取数据时阵列中的相关磁盘一起工作，达到性能改进和数据冗余的目的，提高了 I/O 速度。

RAID 技术分为基于硬件的 RAID 技术和基于软件的 RAID 技术两种。其中在 Linux 下通过自带的软件就能实现 RAID 功能，这样不用购买昂贵的硬件 RAID 控制器和附件就能极大地增强磁盘的 IO 性能和可靠性。

1. 了解 RAID 级别

RAID 共分为 7 个级别。

（1）RAID 0：条带（striped）。

RAID 0 是把连续的数据分散到多个磁盘上存取。当系统有数据请求时就可以被多个磁盘并行地执行，每个磁盘执行属于它自己的那部分数据请求。这样做的目的是以可靠性为代价获取速度。通过在多个磁盘和控制器上向阵列分布读写任务来获取速度，这样可以平行地写入数据。但是，假如任何单个的驱动器出错的话，其余驱动器上的数据可能无法修复。RAID 0 模式如图 6-1 所示。

图 6-1　RAID 0 示意图

（2）RAID 1：镜像。

RAID 1 是一个具有全冗余的模式，如图 6-2 所示，写入一个磁盘的数据被复制到了第二个磁盘。这种阵列可靠性很高，但其有效容量减小到总容量的一半，同时这些磁盘的大小应该相等，否则总容量只具有最小磁盘的大小。如果磁盘出错的话，该阵列可以在不丢失数据的情况下继续用剩余的一个磁盘。但是该阵列在写入时速度很慢，因为需要两个磁盘而不是一个磁盘提交数据。

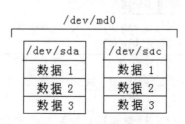

图 6-2　RAID 1 示意图

（3）RAID 2：海明码校验条带存储。

RAID 2级别实施起来比较复杂，因此使用较少。它主要是将数据以位或者字节为单位划分成条块，然后将这些条块分布于不同的硬盘上并通过海明码来提供错误检查及恢复。

（4）RAID 3：奇偶校验条带存储。

RAID 3将数据和数据的奇偶校验位分开存放。奇偶校验位存放于一个硬盘，数据则分段存放在其余的硬盘上。它的缺点是如果存放校验位的硬盘损坏的话，则全部数据都无法使用。

（5）RAID 4：带校验的条带。

创建RAID 4需要三块或更多的磁盘，把一个额外的磁盘作为"校验盘"。数据在其中级别的优势：通过平行写入数据外的磁盘作为"校验盘"。对于包含5个磁盘的RAID 4而言，数据在其中4个磁盘被条带化了，被称为校验信息的错误检测和纠正信息保存在第5块磁盘上，如图6-3所示。

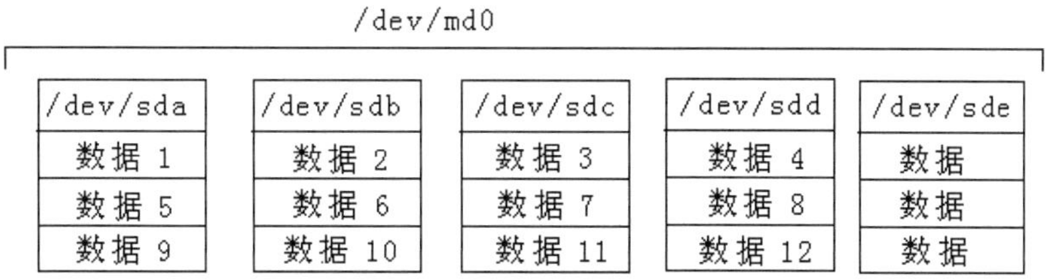

图 6-3 RAID 4 示意图

如果一个驱动器出现故障，那么可以使用校验信息来重建所有数据。如果两个驱动器出现故障，那么所有数据都将丢失。不经常使用这个级别的原因是校验信息存储在一个驱动器上。每次写入其他磁盘时，都必须更新这些信息。目前，这个级别的RAID很少使用了。

（6）RAID 5：条带+分布校验。

在希望结合大量物理磁盘并且仍然保留一些冗余时，RAID 5可能是最有用的RAID模式。RAID 5可以用在三块或更多的磁盘上，并使用0块或更多的备用磁盘。

RAID 5与RAID 4之间最大的区别就是校验信息均匀分布在各个驱动器上，如图6-4所示，这样就避免了RAID 4中出现的瓶颈问题。如果可以使用备用磁盘，那么在设备出现故障之后，将立即开始同步数据。如果其中一块磁盘出现故障，那么由于有校验信息，所以所有数据仍然可以保持不变。如果两块磁盘同时出现故障，那么所有数据都会丢失。RAID 5可以经受一块磁盘故障，但不能经受两块或多块磁盘故障。

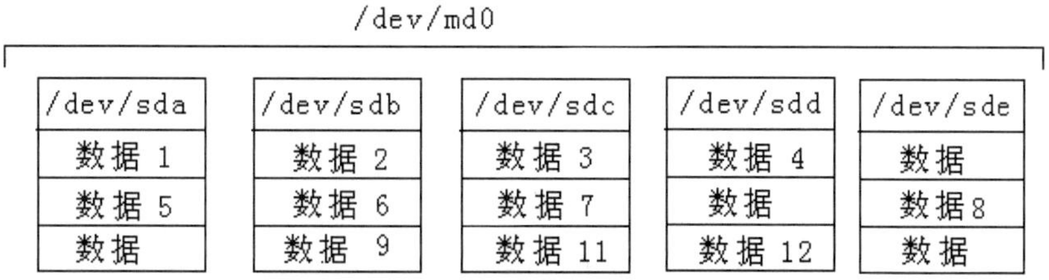

图 6-4 RAID 5 示意图

（7）RAID 6：带独立校验盘的奇偶校验条带存储。

RAID 6 的数据和校验码都是被分成数据块然后分别存储到磁盘阵列的各个硬盘上。与

RAID 5 相比，RAID 6 中增加一块校验磁盘，用于备份分布在各个磁盘上的校验码，这样 RAID 6 磁盘阵列就允许两个磁盘同时出现故障，所以 RAID 6 的磁盘阵列最少需要 4 块硬盘。

2. 实现软 RAID

在 Linux 服务器中是通过 mdadm 工具来创建和维护软 RAID 的，mdadm 在创建和管理软 RAID 时非常方便，而且很灵活。

mdadm 命令格式如下：

mdadm<mode><device><options><member-devices...>

【操作】

根据 mdadm 命令常用的参数（如表 6-8 所示）使用该命令实现软 RAID。

表 6-8　mdadm 常用参数

参数	描述
--create 或-C	创建一个新的软 RAID，后面接 RAID 设备的名称
--assemble 或-A	加载一个已存在的阵列，后面跟阵列以及设备的名称
--detail 或-D	输出设备信息
--stop 或-S	停止指定的 RAID 设备
--level 或-l	设置 RAID 的级别
--raid-devices 或-n	指定阵列中活动磁盘的数目
--scan 或-s	扫描配置文件或/proc/mdstat 文件来搜索软 RAID 的配置信息，该参数不能单独使用，只能配置其他参数才能使用

任务 8　使用 LVM 逻辑卷管理器

Logical Volume Manager（LVM）即逻辑卷管理。对于网络上提供服务的服务器而言，无论计算机的磁盘有多大，这些空间都会随着时间的推移以及用户的不断增加而变得不足。传统分区使用固定大小分区，重新调整大小十分麻烦。LVM 将一个或多个硬盘的分区在逻辑上集合，相当于一个大硬盘来使用，当硬盘的空间不够使用的时候，可以继续将其他硬盘的分区加入其中，这样可以实现磁盘空间的动态管理，相对于普通的磁盘分区有很大的灵活性。

1. 掌握 LVM 基本的逻辑卷管理概念

● PV（Physical Volume，物理卷）。

PV 是物理的磁盘分区，它可以是实际物理硬盘上的分区，也可以是整个物理硬盘，还可以是 RAID 设备。

● VG（Volumne Group，卷组）。

卷组建立在物理卷之上，一个卷组中至少要包括一个物理卷，在卷组建立之后可动态添加物理卷到卷组中。一个逻辑卷管理系统工程中可以只有一个卷组，也可以有多个卷组。

● LV（Logical Volume，逻辑卷）。

LV 也就是从 VG 中划分的逻辑分区。逻辑卷建立在卷组之上，卷组中的未分配空间可以用于建立新的逻辑卷，逻辑卷建立后可以动态地扩展和缩小空间。系统中的多个逻辑卷可以属于同一个卷组，也可以属于不同的多个卷组。

● PE（Physical Extent，物理块）。

PE 是整个 LVM 最小的存储区块，数据都是由写入 PE 来处理的。调整 PE 会影响到 LVM 的最大容量。在 CentOS 6.x 以后，由于直接使用 lvm2 的各项格式功能，这个限制已经不存在了。

2. 安装 LVM 管理工具

【操作】

（1）安装 LVM 之前要先检查系统中是否安装此工具，输入：

[root@localhost ~]# rpm -qa|grep lvm

（2）如果未安装，使用 yum 命令安装，输入：

[root@localhost ~]# yum install lvm*

任务 9　管理磁盘配额

Linux 是一个多用户的操作系统，为了避免出现几个用户占用绝大多数硬盘资源，而急需资源的其他用户却无法获取系统资源的情况发生，必须用行之有效的方法管理磁盘空间。Line 解决了这个问题，它实现了完整的磁盘空间配额管理，能够对所有用户或群组所使用的空间进行管理，并能够在合适的时机给予提醒和警告。

【操作】

设置磁盘配额：

（1）修改/etc/fstab 文件。

在挂载根分区的那个挂载脚本上加上 usrquota 和 grpquota。

1）打开/etc/fstab 文件。

#vi　/etc/fstab

2）修改/etc/fstab 文件，将

LABEL=/　/　　ext3　defaults　1　1

改为：

label =/ / ext3 defaults , usrquota , grpquota 　1　1

（2）重启计算机。

使用 init 6 或 reboot 命令重新启动计算机，使系统重新挂载。

（3）扫描文件系统并创建 quota 记录档。

#quotacheck -avug

扫描挂入系统的分区用 quotacheck 命令，格式如下：

quotacheck [选项] [文件系统...]

选项参数说明：

● -a：扫描在/etc/fstab 文件里有加入 quota 设置的分区。

● -d：详细显示指令执行过程，便于排错或了解程序执行的情形。

● -g：扫描磁盘空间时计算每个群组识别码所占用的目录和文件数目。

● -R：排除根目录所在的分区。

- -u：扫描磁盘空间时计算每个用户识别码所占用的目录和文件数目。
- -v：显示指令执行过程。

（4）启动 quota 服务。

```
# quotaon 选项
```

选项参数说明：

- -u：针对使用者启动 quota。
- -g：针对群组启动 quota。
- -v：显示启动过程的相关信息。
- -a：根据/etc/mtab 内的 filesystem 配置启动有关的 quota，若不加-a 的话，则后面需要加上特定的 filesystem。

（5）关闭 quota 服务。

```
#quotaoff 选项  [/mount_point]
```

选项参数说明：

- -a：全部 filesystem 的 quota 都关闭（根据/etc/mtab）。
- -u：仅针对后面接的那个 /mount_point 关闭 user quota。
- -g：仅针对后面接的那个 /mount_point 关闭 group quota。

（6）为用户或者组设置磁盘配额值。

edquota 命令为用户和组设置详细的 CentOS 磁盘配额限制，格式如下：

```
edquota   -u   用户名
edquota   -g   组名
```

1）为用户 user1 配置磁盘配额限制，执行 edquota 命令，打开用户配额配置文件。

```
edquota -u user1
```

2）对 user2 用户设置其文件数量的软限制为 10，硬限制为 40 个。

```
edquota -u user2
```

设置：

```
/dev/sha3 100  0   0  13   10   40
```

（7）使设置的磁盘配额生效。

```
quotaoff -av
quotaon -av
```

（8）检查磁盘配额的使用情况。

repquota 命令用来查看 CentOS 磁盘配额使用情况。

```
repquota -a
```

项目总结

通过本项目，学生可以掌握文件系统目录结构、文件权限管理、常用的磁盘管理工具、Linux 中的软 RAID、LVM 逻辑卷管理器以及磁盘配额管理的相关知识。对于 Linux 系统管理员，必须掌握文件系统的管理，了解文件权限的分配等相关知识。

思考与练习

一、选择题

1. 改变文件或目录的访问权限使用（　　）命令。
   A．chmod　　　　　B．chown　　　　　C．usermod　　　　　D．chsh
2. 锁定用户账号使用（　　）命令。
   A．passwd -u　　　B．passwd -l　　　C．usermod　　　　　D．userdel
3. 用户权限"rw"使用数字表示是（　　）。
   A．5　　　　　　　B．4　　　　　　　C．6　　　　　　　D．7
4. 挂载光盘可以使用（　　）命令。
   A．mount /media/cdrom　　　　　　B．umount /media/cdrom
   C．mount /dev/hda1　　　　　　　　D．umount /dev/cdrom

二、填空题

1. Linux 用于磁盘分区的命令是＿＿＿＿＿。
2. Linux 用于格式化磁盘的命令是＿＿＿＿＿。

三、简答题

1. 简述使用命令 fisk 的分区过程，以及在分区上建立文件系统的方法。
2. 怎样配置启动挂载文件系统，要注意哪些问题？

技能实训

实训1：硬盘设备的使用

一、实训描述

1. 硬盘分区操作。
2. 分区文件系统的建立。
3. 图形化磁盘管理。
4. 挂载文件系统。

二、实训步骤

（1）硬盘分区操作。

添加一块新的 IDE 接口的硬盘，对硬盘规划分区，要求有两个主分区（分区号为 1、2）、一个扩展分区（分区号为 4），在扩展分区下再细分两个逻辑分区。

操作步骤：

1）查看新的 IDE 接口的硬盘设备是否识别。

```
[root@localhost ~]# fdisk -l
```

2）参照前面的 fdisk 命令分区方法，分出两个主分区和一个扩展分区。

3）参照前面的 fdisk 命令分区方法，在扩展分区细分两个逻辑分区。

（2）分区文件系统的建立。

以上两个主分区采用 reiserfs 建立文件系统，逻辑分区采用 ext3 格式。

操作步骤：

1）采用 reiserfs 格式对主分区格式化。

```
[root@localhost ~] # mkfs -t reiserfs /dev/hda1
…
[root@localhost ~] # mkfs -t reiserfs /dev/hda2
```

2）采用 ext3 格式对逻辑分区格式化。

```
[root@localhost ~]# mkfs -t ext3 /dev/hda5
…
[root@localhost ~]# mkfs -t ext3 /dev/hda6
```

（3）图形化磁盘管理。

使用图形界面磁盘管理工具调整分区大小，两个主分区大小为 1.5GB，第一个逻辑分区大小为 2GB，文件格式调整为 FAT32，剩下的给最后一个分区使用。

操作步骤：

1）安装 Gparted 工具，在终端输入：

```
[root@localhost ~]# sudo apt-get install gparted；
```

2）在终端运行命令：

```
[root@localhost ~]# sudo gparted
```

或者，执行"系统"→"系统管理"→Gnome Partition Editor 命令，再启动 Gparted。

3）使用 Gparted 按要求修改分区。

（4）挂载文件系统。

设置两个主分区为开机挂载，手动挂载第一个逻辑分区。

操作步骤：

1）建立挂载目录。

```
[root@localhost ~]# mkdir /media/hda1
```

2）修改/etc/fstab 文件，添加以下一行记录到文件：

```
/dev/hda1 /media/hda1 reiserfs ro,nouser,auto 0 0
```

3）手动挂载第一个逻辑分区。

```
[root@localhost ~]# mkdir /media/fat1          //建立挂载目录
[root@localhost ~]# mount -t vfat /dev/hda5 /media/fat1
```

实训 2：自动挂载文件系统

一、实训描述

开机以只读方式挂载/dev/hda1 分区，/dev/hda1 的文件格式是 reiserfs，要求在开机的时候自动挂载该文件系统。

二、实训步骤

（1）建立挂载目录。

[root@localhost ~]# mkdir /media/hda1
[root@localhost ~]# chmod 777 /media/hda1　　//设置目录的权限

（2）编辑文件/etc/fstab，添加以下记录：

[root@localhost ~]# /dev/hda1 /media/hda1 reiserfs ro,nouser,auto 0 0

（3）保存/etc/fstab 文件，重启计算机就可以通过使用目录/media/hda1 来访问/dev/hda1 分区。

实训3：mount/umount——手动管理文件系统

一、实训描述

Linux 对磁盘的管理相当于对文件系统的管理。可以在需要使用硬盘时才进行硬盘挂载，这一般是通过命令 mount 来手动管理的。mount 是用来挂载文件系统的，而 umount 的作用刚好相反，是用来手动卸载文件系统的。

二、实训步骤

（1）手动挂载/dev/hda2 分区，/dev/hda2 的文件系统是 ext3。

[root@localhost ~]# mkdir /media/hda2　　//建立挂载目录
[root@localhost ~]# chmod 777 /media/hda1　　//设置目录的权限
[root@localhost ~]# mount /dev/hda2 /media/hda2

mount 可以自动检测大多数被支持的本地文件系统，如果对于其他的文件系统，比如 Windows FAT 的文件系统挂载，则要采用-t 参数指定要挂载的文件系统。

（2）挂载 Windows FAT 的文件系统。

[root@localhost ~]# mkdir /media/fat1　　//建立挂载目录
[root@localhost ~]# mount -t vfat /dev/hda5 /media/fat1

将/dev/hda5 挂载到/media/fat1，并通知 mount 用何种文件系统（vfat 是 Windows 常用的文件系统）。

（3）卸载所有 CentOS 系统的 Windows FAT 的文件系统。

[root@localhost ~]# umount -a -t vfat

当一次挂载/卸载多个介质时，参数 a 就显得很有用，可以使用命令"umount -a"来一次挂载在/etc/fstab 指定的分区。

实训4：创建 LVM 分区

一、实训描述

公司计算机新添加了一块硬盘/dev/sdb，要求 Linux 系统的分区能自动调整磁盘容量。要求管理员用 fdisk 命令新建一个 LVM 类型的分区/dev/sdb，然后在这个分区上创建物理卷，建立卷组 vgroup1 和逻辑卷 lvm1，最后将逻辑卷挂载。

119

二、实训步骤

（1）在/dev/sdb 上建立 LVM 类型的分区/dev/sdb。

```
[root@localhost ~]# fdisk /dev/sdb
```

（2）建立物理卷。

```
[root@localhost ~]# pvcreate /dev/sdb
```

（3）建立卷组。

```
[root@localhost ~]# vgcreate vgroup1 /dev/vdb
```

（4）创建逻辑卷，使用逻辑卷就像使用普通的分区一样。

```
[root@localhost ~]# lvcreate  -n lvm1 -L 600M  vgroup1
```

其中，-n 选项用来指定逻辑卷的名称，-L 选项用来设置逻辑卷的大小。

（5）挂载。

```
[root@localhost ~]# mkdir -p /u1
[root@localhost ~]# mount /dev/vgroup1/lvm1  /u1
```

实训 5：LVM 逻辑卷的管理 1

一、实训描述

公司要求在实训 4 创建的卷组中添加一个新的物理卷/dev/sdb2，然后对逻辑卷 lvm1 的容量进行动态调整，将其扩容 500MB。

二、实训步骤

（1）创建物理卷/dev/sdb2。

```
[root@localhost ~]# pvcreate   /dev/sdb2
```

（2）将/dev/sdb3 添加到卷组 vgroup1。

```
[root@localhost ~]# vgextend vgroup1 /dev/sdb2
```

（3）lvextend 指令用于在线扩展逻辑卷的空间大小，而不中断应用程序对逻辑卷的访问。

```
[root@localhost ~]# lvextend [选项] [参数]
```

（4）将逻辑卷 lvm1 扩容 500MB。

```
[root@localhost ~]# lvextend   _L +500M   lvm1
```

实训 6：LVM 逻辑卷的管理 2

一、实训描述

从卷组 vgroup1 中删除物理卷/dev/sdb2。

二、实训步骤

（1）vgreduce 指令用于从卷组中删除物理卷。

```
[root@localhost ~]# vgreduce [选项] [参数]
```

（2）使用 vgreduce 指令从卷组/dev/sdb2 中移除物理卷/dev/sdb2。

```
[root@localhost ~]# vgreduce   vg2000 /dev/sdb2
```

项目七

配置 Linux 网络

学习目标

- 了解常用网络配置文件。
- 能够熟练使用网络配置命令配置网络。

项目背景

　　新购的计算机已经可以投入工作了，但是由于业务需要，公司的计算机需要连接互联网。于是，经理给小张布置了新任务，要求他给计算机进行 Linux 网络配置。小张自己搜集了一些相关资料。了解到：Linux 操作系统作为一种网络操作系统，提供了强大的网络功能，可以通过使用命令、直接修改配置文件或者图形工具来进行 Linux 网络配置。

任务 1　编辑网络配置文件

1. 编辑/etc/sysconfig/network 文件

计算机主机名信息保存在/etc/sysconfig/network 配置文件中。

【操作】

打开/etc/sysconfig/network 文件，解读部分语句。

NETWORK=yes/no

网络是否被配置，值 yes 表示网络被配置，值 no 表示未被配置。

FORWARD_IPV4=yes/no

IP 转发功能是否开启，yes 表示开启，no 表示不开启。

HOSTNAME=<hostname>

hostname 表示服务器的主机名。

GAREWAY=<address>

address 表示网络网关的 IP 地址。

```
GAREWAYDEV=<device>
```

device 表示网关的设备名。

2. 编辑/etc/sysconfig/network-scripts/ifcfg-ethN 文件

系统网络设备的配置文件保存在 etc/sysconfig/network-scripts 目录下，ifcfg-eth0 包含第一块网卡的配置信息，ifcfg-eth1 包含第二块网卡的配置信息。

打开/etc/sysconfig/network-scripts/ifcfg-eth0 文件，作如下修改：

```
DEVICE=eth0
ONBOOT=yes
BOOTPROTO=static
IPADDR=192.168.0.66
NETMASK=255.255.255.0
GATEWAY=192.168.0.65
```

3. 编辑/etc/hosts 文件

/etc/hosts 文件中可以设置主机名和 IP 地址的映射关系。在没有域名服务器的情况下，系统上的所有网络程序都通过查询该文件来解析对应于某个主机名的 IP 地址。

格式如下：

```
IP 地址  主机名 1 [主机名 2]…
```

【操作】

（1）打开/etc/hosts 文件，修改以下语句：

```
127.0.0.1 Localhostserver.wuxp.com
192.168.0.3 station1.wuxp.com
```

最左边一列是主机 IP 信息，中间一列是主机名，后面的列都是该主机的别名。

（2）修改后，需要重启网络才会生效。重新启动网络设置。

```
/sbin/service network restart
service network start          //启动网络服务
service network stop           //停止网络服务
service network status         //查看网络服务状态
```

4. 编辑/etc/resolv.conf 文件

文件/etc/resolv.conf 包含了 DNS 服务器地址和域名搜索配置，每一行应包含一个关键字和一个或多个由空格隔开的参数。文中每一行表示一个 DNS 服务器。

【操作】

解析域名时使用 172.20.1.1 和 202.96.128.174 指定的主机为域名服务器。

```
search resolve.conf
nameserver 172.20.1.1          //主 DNS 服务
nameserver 202.96.128.174      //第二 DNS 服务
```

说明：nameserver 表示解析域名时使用该地址指定的主机为域名服务器。其中域名服务器是按照文件中出现的顺序来查询的。因此，应该首先给出最可靠的服务器。目前，至多支持三个域名服务器。

5. 编辑/etc/host.conf 文件

当系统中同时存在 DNS 域名解析和/etc/hosts 主机表机制时，由该/etc/host.conf 确定主机名解释顺序。

【操作】

order hosts,bind	//名称解释顺序
multi on	//允许主机拥有多个 IP 地址
nospoof on	//禁止 IP 地址欺骗

说明：order 是关键字，定义先用本机 hosts 主机表进行名称解释，如果不能解释，再搜索 bind 域名服务器（DNS）。

6. 编辑/etc/services 文件

文件记录网络服务名和它们对应使用的端口号及协议。文件中的每一行对应一种服务，由 4 个字段组成，中间用 Tab 或空格分隔，分别表示"服务名称""使用端口""协议名称"以及"别名"，即：

服务名　　"tab"　　端口号/协议名　　"tab"　别名

【操作】

kermit	1649/udp	
l2tp	1701/tcp	l2f
l2tp	1701/udp	l2f
h323gatedisc	1718/tcp	

任务 2　配置 Linux 网络

1. 使用 ifconfig 命令管理网络接口

该命令的作用是查看和更改网络接口的地址和相关参数，命令格式如下：

ifconfig　[Interface]

Interface 是可选项，如果不加此项，则显示系统中所有网卡的信息；如果添加此项则显示所指定的网卡信息。

参数：

- up：启动指定的网络设备/网卡。
- down：关闭指定的网络接口。
- Interface：指定的网络接口名，如 eth0 和 eth1。
- arp：设置指定网卡是否支持 ARP 协议。
- -promisc：设置是否支持网卡的 promiscuous 模式，如果选择此参数，网卡将接收网络中发给它的所有数据包。
- broadcast 地址：设置接口的广播地址。
- -allmulti：设置是否支持多播模式，如果选择此参数，网卡将接收网络中所有的多播数据包。
- -a：默认只显示激活的网络接口信息，使用该选项会显示全部网络接口，包括激活和非激活。
- Address：设置指定接口设备的 IP 地址。
- -s：只显示网络接口的摘要信息。
- add：给指定网卡配置 IPv6 地址。
- del：删除指定网卡的 IPv6 地址。

- <硬件地址>：配置网卡最大的传输单元。
- mtu<字节数>：设置网卡的最大传输单元（bytes）。
- netmask<子网掩码>：设置接口的子网掩码。
- tunel：建立隧道。
- dstaddr：设定一个远端地址，建立点对点通信。
- -broadcast<地址>：为指定网卡设置广播协议。
- -pointtopoint<地址>：为网卡设置点对点通信协议。
- Multicast：网卡设置组播标志。
- txqueuelen<长度>：为网卡设置传输队列的长度。

【操作】

（1）网卡的 IP 地址为 192.168.0.10、子网为 192.168.0.255、掩码为 255.255.255.0。

inet addr:192.168.0.10 Bcast:192.168.0.255 Mask:255.255.255.0

（2）开启网卡、接上网卡的网线、支持组播、最大传输单元为 1500B。

UP BROADCAST RUNNING MULTICAST MTU:1500 Metric:1

（3）接收数据包 90。

RX packets:90 errors:0 dropped:0 overruns:0 frame:0

（4）发送数据包 124。

TX packets:124 errors:0 dropped:0 overruns:0 carrier:0

（5）接收字节数 17.9 KB。

RX bytes:18327 (17.9 KB)

（6）发送数据字节数。

TX bytes:15023 (14.7 KB)

2. 使用 route 命令管理路由

该命令用来配置并查看内核路由表的配置情况。

【操作】

route [-CFvnee]

route [-v] [-A family] add [-net|-host] target [netmask Nm] [gw Gw][metric N] [mss M] [window W] [irtt I] [reject] [mod] [dyn] [reinstate][[dev] If]

route [-v] [-A family] del [-net|-host] target [gw Gw] [netmask Nm][metric N] [[dev] If]

route [-v] [--version] [-h] [--help]

参数：

- -add：添加路由记录。
- -delete：删除路由记录。
- -host：路由到达的是一台主机。
- -net：路由到达的是一个网络。
- -natmack：子网掩码。
- dev：指定的网络接口名，如 eth0 和 ethl.0。
- gw：指定路由的网关。

【操作】

（1）添加到主机的路由记录为 192.168.9.77，网关是 172.20.18.252，网络接口是 eth0。用 route add -host 命令可以实现添加到主机的路由。

route add -host 192.168.9.77 gw 172.20.18.252 dev　　eth0

（2）添加到网络 192.168.9.0，子网掩码为 255.255.255.0，网关是 172.20.18.252，网络接口是 eth0，用 route add -net 命令实现添加到网络。

route add -net 192.168.,9.0 netmask 255.255.255.0 gw　　172.20.18.252 dev　　eth0

（3）添加默认网关 192.168.1.1。

route add default gw 192.168.1.1

（4）查看内核路由表的配置。

route

（5）删除路由 192.168.9.12。

删除路由使用命令 route del -host。

route del -host 192.168.9.12

3．显示数据包到达目的主机所经过的路由

traceroute 命令用于显示数据包到达目的主机所经过的路由。

【操作】

traceroute www.sina.com.cn

4．ping 命令测试网络是否连通地址 4 192.168.1.1

ping 命令基于 ICMP 协议，用来测试网络是否连通和远端主机的响应。格式如下：

ping [选项][hop...]　　destination

选项参数：

● -c：次数，发送指定次数的包后退出。ping 命令默认会一直发包，直到用户强行终止。

● -R：记录路由过程。

● -s：包大小，设置数据包的大小，单位为字节，默认的包大小为 56 字节。

● -t：存活数值，设置存活数值 TTL 的大小。

● -i：间隔，指定收发包的间隔秒数。

● -n：只输出数值。

● -q：只显示开头和结尾的摘要信息，而不显示指令执行过程的信息。

● -r：忽略普通的路由表，直接将数据包送到远端主机上。

【操作】

ping www.sina.com.cn

ping -c 4 192.168.1.12

5．使用 netstat 命令查看网络信息

该命令用来显示网络状态信息，主要用途有查看网络的连接状态（仅对 TCP 有效，对 UDP 无效）、检查接口的配置信息、检查路由表、取得统计信息。不带参数时表示显示获得的 TCP、UDP 端口状态，因为 UDP 为无连接的协议，所以状态对其无意义。常见的状态有 ESTABLISHED、LISTENING、TIME-WAIT，分别表示处于连接状态、等待连接、关闭连接。

netstat 格式如下：

netstat [address_family_options][选项][delay]

选项参数：

- -a：显示所有配置的接口。
- -i：显示接口统计信息。
- -n：以数字形式显示 IP 地址。
- -c：按一定时间间隔不断地显示网络状态。
- -C：显示路由器配置的 cache 信息。
- -t：显示 TCP 传输协议的统计状况。
- -u：显示 UDP 传输协议的统计状况。
- -r：显示内核路由表。
- -s：表示计数器的值。
- -e：显示网络的其他相关信息。
- -l：只显示正在监听中的 Socket 信息。
- -o：显示网络计时器。
- -p：显示正在使用 Socket 的程序进程号和程序名称。

【操作】

（1）显示网络接口状态信息。

netstat -i

（2）显示所有监控中的服务器的 Socket 和正使用 Socket 的程序信息。

netstat -lpe

（3）显示内核路由表信息。

netstat -r

netstat -nr

（4）显示 TCP/UDP 传输协议的连接状态。

netstat -t

netstat -u

6．用 hostname 命令更改主机名为 myhost

hostname 命令的作用是更改主机名。

#hostname myhost

7．用 arp 命令处理缓存

【操作】

（1）查看 arp 缓存。

arp -nv

（2）添加一个 IP 地址和 MAC 地址的对应记录。

arp -s 192.168.33.15 00:60:08:27:CE:B2

（3）删除一个 IP 地址和 MAC 地址的对应缓存记录。

arp -d192.168.33.15

8．用 ifup 命令指定的非活动网卡设备

ifup 命令用于启动指定的非活动网卡设备。ifdown 命令用于停止指定的活动网卡设备，该命令与 ifconfig down 命令功能相似。这两个命令的格式如下：

ifup 网卡设备名

ifdown   网卡设备名

9. 用 tcpdump 命令倾倒网络传输数据

tcpdump 命令用于倾倒网络传输数据,监视 TCP/IP 连接并直接读取数据链路层的数据包的头部信息,用户可以指定哪些数据包被监视、哪些控制要显示格式。tcpdump 命令格式如下:

tcpdump [-adeflnNOpqStvx][-c<数据包数目>][-dd][-ddd][-F<表达文件>][-i<网络界面>][-r<数据包文件>]
[-s<数据包大小>][-tt][-T<数据包类型>][-vv][-w<数据包文件>][输出数据栏位]

参数:

- -a:将网络地址和广播地址转变成名字。
- -d:将匹配信息包的代码以人们能够理解的汇编格式给出。
- -dd:将匹配信息包的代码以 C 语言程序段的格式给出。
- -ddd:将匹配信息包的代码以十进制的形式给出。
- -e:在输出行打印出数据链路层的头部信息。
- -f:将外部的 Internet 地址以数字的形式打印出来。
- -l:使标准输出变为缓冲行形式。
- -n:不把网络地址转换成名字。
- -t:在输出的每一行不打印时间戳。
- -v:输出一个稍微详细的信息,例如在 IP 包中可以包括 ttl 和服务类型的信息。
- -vv:输出详细的报文信息。
- -c:在收到指定的包的数目后,tcpdump 就会停止。
- -F:从指定的文件中读取表达式,忽略其他的表达式。
- -I:指定监听的网络接口。
- -r:从指定的文件中读取包(这些包一般通过-w 选项产生)。
- W:直接将包写入文件中,并不分析和打印出来。
- -T:将监听到的包直接解释为指定类型的报文。
- rpc:rpc(远程过程调用)和 snmp(简单网络管理协议)。

项目总结

Linux 在提供强大网络功能的同时,其安全性也遇到了前所未有的挑战,因此我们需要了解和掌握有关 TCP/IP 的配置与安全。通过本项目,学生可以掌握 Linux 的网络配置文件和常用网络配置命令的相关知识,能够实现对 Linux 网络配置的基本管理及维护。

思考与练习

一、选择题

1. 测试自己的主机和某一主机是否通信正常,使用(　　)命令。
   A. telnet　　　　B. host　　　　C. ping　　　　D. ifconfig
2. 查看自己主机的 IP,使用(　　)命令。
   A. hostname　　　B. host　　　　C. ping　　　　D. ifconfig

3．向某一用户发出信息而不影响其他用户，通常使用（　　　）命令。

　　A．telnet　　　　　　B．wall　　　　　　C．write　　　　　　D．mesg

二、填空题

1．Linux 中用＿＿＿＿＿＿表示第一块网卡。

2．ifconfig eth0 192.168.0.8 up 表示＿＿＿＿＿和＿＿＿＿＿。

3．IP 地址 127.0.0.1 表示＿＿＿＿＿的地址。

4．用＿＿＿＿＿命令可查找网站的 IP 地址。

三、简答题

1．使用 ifconfig 命令与使用 ifup/down 激活/关闭网卡有什么区别，要注意什么？

2．谈谈你对路由的理解，查看你主机的路由表，说说每一条记录的含义。

技能实训

实训：虚拟机下的 Linux 上网配置

一、实训描述

有一台在虚拟机环境下安装了 Linux 的计算机需要上网，现要求完成虚拟机下 Linux 操作系统的上网设置。

二、实训步骤

（1）在 Windows 桌面上右击"网上邻居"图标并选择"属性"选项，在打开的"网络连接"窗口中可以看到又多了网络连接的图标，如图 7-1 所示。

图 7-1　Windows 下的网络连接

（2）右击 VMware Network Adaper VMent8"选项，选择"属性"选项，弹出"VMware Network Adaper VMnet8 属性"对话框，如图 7-2 所示。

图 7-2　"VMware Network Adaper VMnet8 属性"对话框

（3）双击"Internet 协议版本 4（TCP/IPv4）"选项，弹出"Internet 协议版本 4（TCP/IPv4）属性"对话框，如图 7-3 所示。选择"使用下面的 IP 地址"单选项，填写 IP 地址 192.168.10.1和子网掩码 255.255.255.0，其余不填。

（4）单击桌面上的虚拟机图标打开虚拟机，选择"编辑"→"虚拟网络编辑器"命令，如图 7-4 所示。

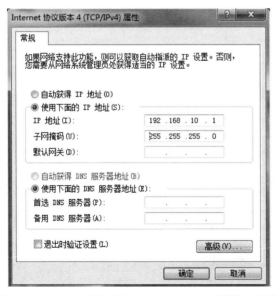

图 7-3　"Internet 协议版本 4（TCP/IPv4）属性"对话框

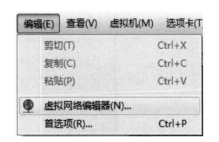

图 7-4　选择"虚拟网络编辑器"命令

（5）在弹出的对话框（如图 7-5 所示）中选择 VMnet8。

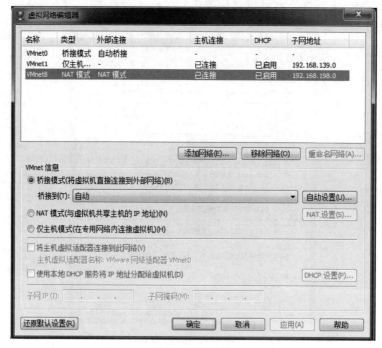

图 7-5　"虚拟网络编辑器"对话框

（6）单击"NAT 设置"按钮，查看网关的值并记录，如图 7-6 所示。

图 7-6　"NAT 设置框"对话框

（7）进入 Linux 系统，打开主菜单，选择"系统设置"→"网络"命令，弹出"网络配置"对话框。选择"设备"选项卡，勾选列表框中的设备 eth0，单击"编辑"按钮，进入 eth0 设备编辑状态，如图 7-7 所示。在"方法"下拉列表框中选择"手动"，将地址设为和 VMnet8 相同网段的 IP 地址：192.168.198.X，子网掩码：255.255.255.0，默认网关填写之前记录的 192.168.10.2。DNS 只要 Windows 操作系统能够上网，可以设置为 8.8.8.8 或 8.8.4.4，如图 7-7 所示，单击"应用"按钮。

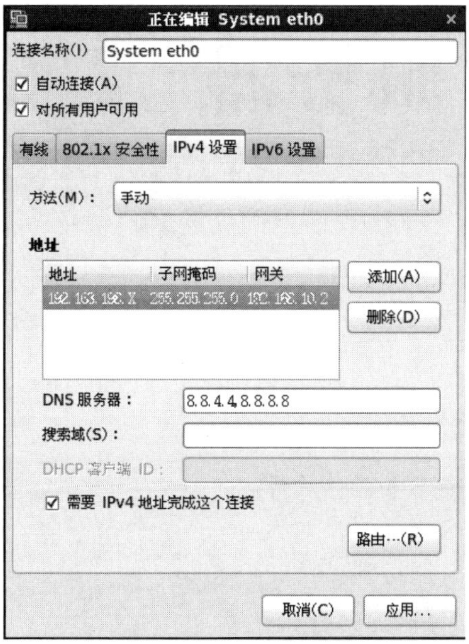

图 7-7　编辑 eth0 的对话框

（8）利用 service network restart 命令重启网络服务，并查看网络信息。

（9）打开浏览器，在地址栏中输入 www.baidu.com 查看是否可以连接到该网页。如果配置正确，界面如图 7-8 所示。

图 7-8　打开网页进行上网测试

项目八

搭建 NFS 服务器

学习目标

- 了解 NFS 服务器的概念和工作原理。
- 能够安装和配置 NFS 服务器。
- 能够启动和停止 NFS 服务器。
- 能够配置 NFS 的客户端。

项目背景

公司安装了 Linux 操作系统的计算机之间要进行文件共享。于是经理要求小张找出一台计算机搭建 NFS 服务器。为了让小张尽快上手，经理指派了一名老员工来指导小张。老员工告诉小张："如果网络中仅有 Linux 机器，它们之间的文件共享使用 NFS 服务器比较方便。一台 NFS 服务器就如同一台文件服务器，只要将其文件系统共享出来，NFS 客户端就可以将它挂载到本地系统中，从而可以像使用本地文件系统中的文件一样使用那些远程文件系统中的文件。"

任务 1 安装 NFS 服务器

1. 了解 NFS

NFS（Network File System，网络文件系统）是一种使用于分散式文件系统的协议，由 Sun 公司开发，于 1984 年向外公布。功能是通过网络让不同的机器、不同的操作系统能够彼此分享个自的数据，让应用程序在客户端通过网络访问位于服务器磁盘中的数据，是在类 UNIX 系统间实现磁盘文件共享的一种方法。

NFS 的基本原则是"允许不同的客户端及服务器端通过一组 RPC 分享相同的文件系统"，它是独立于操作系统，允许不同硬件及操作系统共同进行文件的分享。

NFS 在文件传送或信息传送过程中依赖于 RPC 协议。RPC（Remote Procedure Call，远程过程调用）是能使客户端执行其他系统中程序的一种机制。NFS 本身是没有提供信息传输协议和功能的，但 NFS 却能让我们通过网络进行数据的分享，这是因为 NFS 使用了一些其他的传输协议，而这些传输协议用到这个 RPC 功能。可以说 NFS 本身就是使用 RPC 的一个程序，或者说 NFS 也是一个 RPC Server。所以只要用到 NFS 的地方都要启动 RPC 服务，不论是 NFS Server 还是 NFS Client。这样 Server 和 Client 才能通过 RPC 来实现 Program Port 的对应。可以这么理解 RPC 和 NFS 的关系：NFS 是一个文件系统，而 RPC 负责信息的传输。

NFS 的优点：

（1）常用数据可以保存在一台机器上供其他机器访问，因此本地工作站可以使用更少的磁盘空间。

（2）不需要为用户在每台网络机器上放一个用户目录，因为用户目录可以在 NFS 服务器上设置并使其在整个网络上可用。

（3）减少网络上移动设备的数量。例如软盘、光驱、USB 等设备可以在网络上被其他机器使用。

2. 熟悉 NFS 工作原理

NFS 包括两部分：服务器端和客户端。由于 NFS 服务功能很多，会有很多端口，这些端口还有可能不固定，那么客户端就无法与服务器进行通信，因为程序间通信必须通过端口（tcp 和 udp 都是端到端通信），因此就需要一个中间的桥接机制，RPC 进程即充当这样一个角色，RPC 的端口是一定的（111），当 NFS 启动时，会向 RPC 进行注册，那么客户端 PRC 就能与服务器 RPC 进行通信，从而进行文件的传输。

当客户端用户打开一个文件或目录时，内核会判断该文件是本地文件还是远程共享目录文件。如果是远程文件，则通过 RPC 进程访问远程 NFS 服务端的共享目录；如果是本地文件，则直接打开。为了更好地开发，RPC 进程及 NFS 进程都有多个。

工作流程：

（1）由程序在 NFS 客户端发起存取文件的请求，客户端本地的 RPC（rpcbind）服务会通过网络向 NFS 服务器端的 RPC 的 111 端口发出文件存取功能的请求。

（2）NFS 服务器端的 RPC 找到对应已注册的 NFS 端口，通知客户端 RPC 服务。

（3）客户端获取正确的端口，并与 NFS daemon 联机存取数据。

（4）存取数据成功后，返回前端访问程序，完成一次存取操作。

说明：NFS 的 RPC 服务，在 CentOS 5 下名为 portmap，CentOS 6 以后名为 rpcbind。

3. 安装 NFS

NFS 的安装是非常简单的，只需要两个软件包，而且在通常情况下是作为系统的默认包安装的。两个软件包如下：

● nfs-utils-*：包括基本的 NFS 命令与监控程序。

● rpcbind-*：支持安全 NFS RPC 服务的连接。

【操作】

（1）查看系统是否已安装 NFS。

[root@localhost ~] #rpm -qa nfs-utils rpcbind

输入以上命令，如果显示如图 8-1 所示，则表示 NFS 服务已经安装。

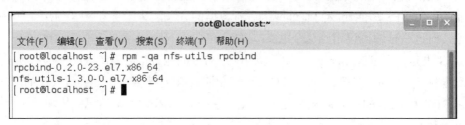

图 8-1　查看 NFS 安装版本

（2）如果当前系统中没有安装 NFS 所需的软件包，则需要手工进行安装。使用如下命令安装所需的软件包：

[root@localhost ~] #yum install nfs-utils rpcbind

任务 2　配置 NFS 服务器

如果成功安装了 NFS 组件，接下来的工作主要是配置相关文件使服务器提供 NFS 服务，步骤如下：

（1）设定某台计算机为 NFS 服务器，并在后台启动相关的守护进程（在"服务配置"中启动）。一般来说，如果 NFS 服务器要提供服务，必须启动 inet、rpcbind、nfs 和 mount 这 4 个守护进程并保持在后台运行。

（2）规划服务器分区，从安全等方面定义哪些分区作为要共享的文件系统。

（3）在客户端列表中定义每一台客户机的参数。

（4）修改/etc/exports。

（5）重新启动 NFS 服务器，启动方法可采用命令行的方式，即/etc/rc.d/init.d/nfs restart。

服务器端文件系统的共享设置有 3 种方法：一是直接修改/etc/exports 文件；二是用 exports 命令来增加和删除目录；三是图形化的配置方法。

1. 了解 NFS 网络文件的系统结构

NFS 网络文件的系统结构包括如下目录结构：

（1）/etc/exports。

/etc/exports 是 NFS 的主要配置文件，用于设置服务器的共享目录以及目录允许访问的主机、访问权限和其他选项等。

（2）/usr/sbin/exportfs。

这是维护 NFS 共享资源的命令，我们可以用其重新分享/etc/exports 变更的目录资源，并将 NFS Server 分享的目录卸载或重新分享等。这个命令是 NFS 系统中相当重要的一个，至于命令的用法在后面章节再介绍。

（3）/usr/sbin/showmount。

showmount 命令主要用在 Client 端，可以用来查看 NFS 共享出来的目录资源。

（4）/var/lib/nfs/*tab。

NFS 服务器的登录文件都放置到/var/lib/nfs/目录中，在该目录下有两个比较重要的登录文件：一个是 etab，主要记录 NFS 所分享出来的目录的完整权限设定值；另一个是 xtab，记录曾经连接到此 NFS 主机的相关客户端数据。

2. 配置文件/etc/exports

NFS 的主要配置文件只有一个/etc/exports。NFS 安装后会在 etc/目录下创建一个空白的 exports 文件，即没有任何的共享目录，用户需要对其进行手工编辑。文件中每一行定义了一个共享目录。

/etc/exports 文件内容格式：

<输出目录> [客户端 1 选项（访问权限,用户映射,其他）] [客户端 2 选项（访问权限,用户映射,其他）]

- 输出目录：是指 NFS 系统中需要共享给客户机使用的目录。
- 客户端：是指网络中可以访问这个 NFS 输出目录的主机。客户端常用的指定方式有：
  - 指定 IP 地址的主机，例如 192.168.0.200。
  - 指定子网中的所有主机，例如 192.168.0.0/24、192.168.0.0/255.255.255.0。
  - 指定域名的主机，例如 david.bsmart.cn。
  - 指定域中的所有主机，例如*.bsmart.cn。
  - 所有主机：*。
- 选项：用来设置输出目录的访问权限、用户映射等。NFS 主要有以下 3 类选项：
  ①访问权限选项。
  - 设置输出目录只读：ro。
  - 设置输出目录读写：rw。
  ②用户映射选项。
  - all_squash：将远程访问的所有普通用户及所属组都映射为匿名用户或用户组（nfsnobody）。
  - no_all_squash：对 all_squash 取反（默认设置）。
  - root_squash：将 root 用户及所属组都映射为匿名用户或用户组（默认设置）。
  - no_root_squash：对 rootsquash 取反。
  - anonuid=xxx：将远程访问的所有用户都映射为匿名用户，并指定该用户为本地用户（UID=xxx）。
  - anongid=xxx：将远程访问的所有用户组都映射为匿名用户组账户，并指定该匿名用户组账户为本地用户组账户（GID=xxx）。
  ③其他选项。
  - secure：限制客户端只能从小于 1024 的 TCP/IP 端口连接 NFS 服务器(默认设置)。
  - insecure：允许客户端从大于 1024 的 TCP/IP 端口连接服务器。
  - sync：将数据同步写入内存缓冲区与磁盘中，效率低，但可以保证数据的一致性。
  - async：将数据先保存在内存缓冲区中，必要时才写入磁盘。
  - wdelay：检查是否有相关的写操作，如果有则将这些写操作一起执行，这样可以提高效率（默认设置）。

- ➢ no_wdelay：若有写操作则立即执行，应与 sync 配合使用。
- ➢ subtree：若输出目录是一个子目录，则 NFS 服务器将检查其父目录的权限（默认设置）。
- ➢ no_subtree：即使输出目录是一个子目录，NFS 服务器也不检查其父目录的权限，这样可以提高效率。

任务 3 启动和停止 NFS 服务

在对 exports 文件进行了正确的配置后，就可以启动 NFS 服务器了。

1. 启动 NFS 服务器

为了使 NFS 服务器能正常工作，需要启动 rpcbind 和 nfs 两个服务，并且 rpcbind 一定要先于 nfs 启动。Linux 中服务的启动命令为 service start，输入如下：

```
[root@localhost ~]# service rpcbind start
[root@localhost ~]# service nfs start
```

显示如图 8-2 所示的结果。

```
                                 root@localhost:~
文件(F)  编辑(E)  查看(V)  搜索(S)  终端(T)  帮助(H)
[root@localhost ~]# service rpcbind start
Redirecting to /bin/systemctl start  rpcbind.service
```

图 8-2 提示重定向

CentOS 6 用的是 init 来管理服务，而现在的 CentOS 7 改成用 systemd 来管理，所有的服务都放在/usr/lib/systemd/system 里面。CentOS 7 中一个最主要的改变就是切换到了 systemd。它用于替代 RedHat 企业版 Linux 之前版本中的 SysV 和 Upstart，对系统和服务进行管理。systemd 兼容 SysV 和 Linux 标准组的启动脚本。

systemd 是 Linux 操作系统下的一个系统和服务管理器，被设计成向后兼容 SysV 启动脚本，并提供了大量的特性，如开机时平行启动系统服务、按需启动守护进程、支持系统状态快照或者基于依赖的服务控制逻辑。

因此，在 CentOS 7 中，使用 systemctl 来代替旧的 service 命令。

```
[root@localhost ~] # systemctl start   rpcbind.service
[root@localhost ~] # systemctl start   nfs.service
```

2. 查询 NFS 服务器状态

```
[root@localhost ~] # service rpcbind status
[root@localhost ~] # service nfs status
```

修改为：

```
[root@localhost ~] #systemctl status rpcbind.service
[root@localhost ~] #systemctl status nfs.service
```

运行结果如图 8-3 和图 8-4 所示。

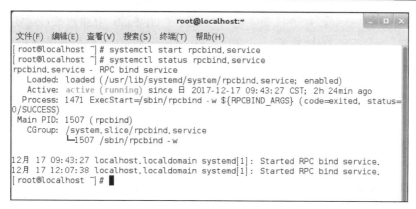

图 8-3　查看 rpcbind 运行状态结果

```
文件(F) 编辑(E) 查看(V) 搜索(S) 终端(T) 帮助(H)
[root@localhost ~]# systemctl start nfs.service
[root@localhost ~]# systemctl status nfs.service
nfs-server.service - NFS Server
   Loaded: loaded (/usr/lib/systemd/system/nfs-server.service; disabled)
   Active: active (exited) since 日 2017-12-17 12:12:38 CST; 22s ago
  Process: 55108 ExecStart=/usr/sbin/rpc.nfsd $RPCNFSDARGS $RPCNFSDCOUNT (code=e
xited, status=0/SUCCESS)
  Process: 55104 ExecStartPre=/usr/sbin/exportfs -r (code=exited, status=0/SUCCE
SS)
  Process: 55103 ExecStartPre=/usr/libexec/nfs-utils/scripts/nfs-server.preconfi
g (code=exited, status=0/SUCCESS)
 Main PID: 55108 (code=exited, status=0/SUCCESS)
   CGroup: /system.slice/nfs-server.service

12月 17 12:12:38 localhost.localdomain systemd[1]: Started NFS Server.
[root@localhost ~]#
```

图 8-4　查看 nfs 运行状态结果

3. 停止 NFS 服务器

要停止 NFS 运行时，需要先停止 nfs 服务再停止 rpcbind 服务，系统中有其他服务（如
NIS）需要使用时，不需要停止 rpcbind 服务。

[root@localhost ~]# service nfs stop
[root@localhost ~]# service rpcbind stop

修改为：

[root@localhost ~]# systemctl stop nfs.service
[root@localhost ~]# systemctl stop rpcbind.service

4. 设置 NFS 服务器的自动启动状态

对于实际的应用系统，每次启动 Linux 系统后都手工启动 NFS 服务器是不现实的，需要
设置系统在指定的运行级别自动启动 rpcbind 和 nfs 服务。

[root@localhost ~] #systemctl disable rpcbind.service
[root@localhost ~] #systemctl disable rpcbind.service

任务 4　配置 NFS 客户

配置 NFS 服务器以后，网络中不同的计算机在使用该文件系统之前必须先挂载该文件系

统。用户既可以通过 mount 命令挂载，也可以通过在/etc/fstab 中加入条目项实现，/etc/fstab 的条目项中包括一个 NFS 的挂载类型。NFS 文件系统的名称由文件所在的主机名加上被挂载目录的路径名组成，两个部分由冒号分开。例如，computer1:/home/project 指示一个文件系统被挂载在计算机 computer1 的/home/project 中。

1. 利用 showmount 查看服务器上的共享目录

命令如下：

```
showmount   参数 服务器主机名或 IP 地址
```

参数说明：

- -a：查看服务器上的输出目录和所有连接客户端的信息。显示格式为"host:dir"。
- -d：只显示被客户端使用的输出目录信息。
- -e：显示服务器上所有的输出目录（共享资源）。

2. 加载 NFS 服务器共享目录

在 Linux 系统中加载 NFS 服务器上的共享目录可以通过 mount 命令实现，具体命令如下：

```
[root@localhost ~]# mount   -t   nfs
```

【操作】

加载 IP 为 192.168.0.16 的服务器上的/exports/rhel 目录，执行以下步骤：

（1）创建一个本地目录来加载 NFS 服务器上的输出目录，使用以下命令：

```
[root@localhost ~]#mkdir   /mnt/nfs
```

（2）使用相应的 mount 命令加载服务器目录。

```
[root@localhost ~]# mount   -t    nfs   192.168.0.16:/exports/rhel/mnt/nfs
```

此时加载服务器目录已完成。

如果要卸载刚才加载的 nfs 共享目录，则执行以下命令：

```
[root@localhost ~]# umount   /mnt/nfs
```

本地目录中的内容和主机断开。

项目总结

NFS 是分布式计算机系统的一个组成部分，可实现在异构网络上共享和装配远程文件系统。通过完成本项目，学生可以掌握 NFS 服务器的工作原理、安装配置 NFS 服务器的方法、NFS 的客户端配置和 NFS 服务器的故障排除方法。

思考与练习

一、选择题

1. NFS 是（   ）系统。

    A．文件   B．磁盘   C．网络文件   D．操作

2. NFS 服务器的配置文件是由操作系统默认安装的文件，它是（   ）。

    A．/etc/exports   B．/etc/nfs/exports

    C．/etc/nfs.conf   D．/etc/imports

3．要配置 NFS 服务器，在服务器端主要配置（　　）文件。

　　A．/etc/rc.d/rc.inet1　　　　　　　B．/etc/rc.d/rc.M

　　C．/etc/exports　　　　　　　　　D．/etc/rc.d/rc.S

4．在服务器上配置好 NFS 文件系统后，在客户机上可以使用下列方法中的（　　）使用 NFS 文件系统。

　　A．配置/etc/fstab 文件，在系统启动时自动安装远程文件系统

　　B．配置/etc/exports 文件，在系统启动时自动安装远程文件系统

　　C．用户使用 mount 命令手动安装

　　D．用户使用 create 命令手动安装

二、填空题

1．＿＿＿＿＿＿＿＿＿＿协议用于实现主机之间的文件系统共享。

2．NFS 安装需要的两个软件包为＿＿＿＿＿＿＿＿＿＿和＿＿＿＿＿＿＿＿＿＿。

三、简答题

1．简述网络文件系统 NFS 并说明其作用。

2．NFS 系统有哪几种常用的挂载方法？

技能实训

实训1：搭建 NFS 服务器

一、实训描述

公司要将一台 IP 地址为 192.168.1.87 的计算机作为 NFS 服务器，与其同一网段的所有客户端对该计算机内的/share 目录有读写权限。

二、实训步骤

（1）安装 NFS 服务。

输入如下命令查看是否安装了 NFS 包：

```
rpm -qa|grep nfs-utils
```

（2）如果未安装，则输入如下命令安装：

```
nfs-utils-1.2.2-7.el6.x86_64.rpm
```

（3）修改 NFS 服务配置文件的如下部分：

```
/share 192.168.1 0/24(rw,no_root_squash)
```

说明：192.168.1.0/24 表示允许网段内所有的计算机访问；rw 表示可读写；no_root_squash 表示如果 root 用户登录，则拥有 root 权限。

（4）启动 NFS 服务。

```
service nfs start
```

（5）完成客户端配置。

确认客户端是否安装了 nfs-utils-1.2.2-7.el6.x86_64.rpm 包，列出服务器共享目录。

```
#showmount  -e  192.168.1.87
Export list for 192.168.1.87;
/share 192.168.1.0/24
```

（6）在客户端挂载 NFS 共享目录。

```
#mount -t nfs 192.168.1.87:/share/ location
```

说明：share 目录是服务共享的目录，location 是要挂载的本地位置。

实训 2：NFS 服务器配置

一、实训描述

公司将一台 IP 地址为 192.168.0.100 的计算机作为 NFS 服务器。将该机器的/tmp 目录和 company_share/read 目录共享给本公司网段内的所有计算机用户使用，这些用户对/tmp 目录有读写权限，不限制使用者的身份；对 company_share/read 目录有只读权限。另外将/company_share/upload 目录共享给网段中的所有计算机用户使用，这些用户对该目录只有写权限，/company_share/upload 目录的所有者和组都是 nfs-upload，UID 和 GID 都是 220。本公司网段为 192.168.0.0/24。

二、实训步骤

（1）exports 文件配置。

用户需要在 exports 文件中配置 3 个共享目录：/tmp、/company_share/read 和/company_share/upload，该文件的具体配置内容如下：

1）查看/etc/exports 文件，输入：

```
#cat /etc/exports
```

2）在文件中配置 3 个目录：

```
/tmp       192.168.0.*(rw,no root squash)  //读写，取消 root 用户的匿名映射
company_share/read     192.168.0.*(ro,all squash)
//只读，将所有用户的身份都映射为匿名用户
/company_share/upload     192.168.0.* (rw,all_squash, anonuid=220, anongid=220)
//读写，把所有用户的身份映射为 nfs-upload 用户，UID 和 GID 都是 220
```

（2）在服务器端创建目录。

在服务器端创建/company_share/read 目录和/company_share/upload 目录。

1）创建/company_share/read 目录。

```
#mkdir   /company_share/read
```

2）设置/company_share/read 目录权限。

为了使用户被映射为匿名用户 ns-nobodoy 后对/company_share/read 只有只读权限，更改/company_share/read 访问权限为 755。

```
#chmod 755   /company_share/read
```

3）创建 ns-upload 用户和用户组，指定 UID 和 GID 都是 220。

```
#groupadd   -g 220 nfs-upload
```

```
#useradd     -g 220 -u 220 -M nfs-upload
```

4）创建/company_share/upload 目录。

```
#mkdir   /company_share/read
```

5）设置/company_share/upload 目录权限。

更改/company_share/upload 目录访问权限为 755。由于所有/sharefiles/upload 目录的用户都会被映射为 nfs-upload 用户，因此也获得了该目录的读写访问权限。

```
#chown   nfs-upload:nfs-upload/company_share/read
#chmod   755   /company_share/read   //设置目录访问权限为 755
```

项目九

搭建 Samba 服务器

- 熟悉 SMB/CIFS 协议。
- 了解 Samba 的功能。
- 能够安装和启动 Samba 服务。
- 能够配置 Samba 文件共享。
- 能够在 Linux 环境下访问 Samba 共享。

　　小张配置的 NFS 服务器可以给 Linux 操作系统的计算机提供共享服务，但公司内部还有很多 Windows 操作系统的计算机也需要与这些计算机共享文件，这可难坏了小张。小张去请教公司有经验的老员工。老员工告诉小张可以通过使用 Samba 来实现文件服务器功能。使用服务信息块（Server Message Block）协议，可以共享文件、磁盘、目录、打印机等资源。Linux 中的 Samba 内置 SMB 协议，使用 Samba 实现局域共享资源，使 Windows 客户端可以访问这些共享资源。

任务 1　初识 Samba

　　NFS 可以实现 Linux 主机之间的共享，而有时由于业务需要，往往需要在 Windows 主机与 Linux 主机之间进行资源共享，这就需要使用 Samba。

　　1. 了解 SMB 协议

　　SMB（Server Message Block，服务信息块）协议是一个高层协议，它提供了在网络上不同计算机之间共享文件、打印机和通信数据的手段。SMB 使用 NetBIOS 的应用程序接口

（Application Program Interface，API）实现面向连接的协议，该协议为 Windows 客户程序和服务提供了一个通过虚电路按照请求－响应方式进行通信的机制。最近微软又把 SMB 改名为 CIFS（Common Internet File System），并且加入了许多新的特色。

SMB 是基于客户机/服务器型的协议，因而一台 Samba 服务器既可以充当文件共享服务器，也可以充当一个 Samba 的客户端。例如，一台在 Linux 下已经架设好的 Samba 服务器，Windows 客户端就可以通过 SMB 协议共享 Samba 服务器上的资源文件，同时，Samba 服务器也可以访问网络中其他 Windows 系统或者 Linux 系统共享出来的文件。SMB 的工作原理就是让 NetBIOS 与 SMB 协议运行在 TCP/IP 上，并且使用 NetBIOS 的名字解释器让 Linux 机器可以在 Windows 的网上邻居中被看到，从而和 Windows 进行相互沟通，共享文件和打印机。

2. 了解 Samba

（1）Samba 简介。Samba 是一组软件包，使 Linux 支持 SMB/CIFS 协议，它几乎可以在所有的类 UNIX 平台上运行。Samba 最初于 1991 年由澳大利亚人 Andrew Tridgell 研发，基于 GPL 发行，如今由 Samba 小组维护。

Samba 服务器可实现如下功能：WINS 和 DNS 服务、网络浏览服务、Linux 和 Windows 域之间的认证和授权、UNICODE 字符集和域名映射、满足 CIFS 协议的 UNIX 共享等。

Samba 服务器的工作原理：客户端向 Samba 服务器发起请求，请求访问共享目录，Samba 服务器接受请求，查询 smb.conf 文件，查看共享目录是否存在以及来访者的访问权限，如果来访者具有相应的权限，则允许客户端访问，最后将访问过程中系统的信息以及采集的用户访问行为信息存放在日志文件中。

（2）Samba 的工作流程。当客户端访问服务器时，信息通过 SMB 协议进行传输，其工作过程可以分成以下 4 个步骤：

1）协议协商。客户端在访问 Samba 服务器时，首先发送一个 negprot 请求数据包，同时列出它所支持的 SMB 协议版本。Samba 服务器接收到请求后，根据客户端的情况选择最优的 SMB 类型，并作出回应。

2）建立连接。当 SMB 协议版本确认后，客户端会发送一对用户名和密码请求与 Samba 服务器建立连接，如果客户端通过身份验证，Samba 服务器会对 session setup 报文作出回应，并为用户分配唯一的 UID，在客户端与其通信时使用。

3）访问共享资源。客户端访问 Samba 共享资源时，发送 tree connect 指令数据包，通知服务器需要访问的共享资源名，如果设置允许，Samba 服务器会为每个客户端与共享资源连接分配 TID，客户端即可访问需要的共享资源。

4）断开连接。共享使用完毕，客户端向服务器发送 tree disconnect 报文关闭共享，与服务器断开连接。

（3）Samba 相关进程。Samba 服务主要由 nmbd 和 smbd 两个进程组成。nmbd 进程的功能是进行 NetBIOS 名字解析，并提供浏览服务显示网络上的共享资源列表。smbd 进程主要负责管理服务器上的共享目录、打印机等，如提供登录身份验证、创建对话进程和对 SMB 资源共享的功能。当要访问服务器查找共享文件时，我们就要依靠 smbd 这个进程来管理数据传输。

3. 了解 Samba 的功能

Samba 的功能如下：

（1）使 Linux 主机成为 Windows 网络中的一份子，与 Windows 系统相互分享资源。

（2）使 Linux 主机可以使用 Windows 系统共享的文件和打印机。

（3）使 Linux 主机成为文件服务器或打印服务器，为 Linux/Windows 客户端提供文件共享服务和远程打印服务。

（4）使 Linux 主机担任 Windows 域控制器和 Windows 成员服务器，管理 NT/200X 网络。

（5）使 Linux 主机担任 WINS 名字服务器，提供 NetBIOS 名字解析服务。

（6）提供用户身份认证功能。

（7）支持 SSL 安全套接层协议。

任务 2　安装 Samba 服务

1. 安装前准备

安装 Samba 服务时，需要安装以下组件：

- samba-*.rpm：该包为 Samba 服务的主程序包。服务器必须安装该软件包，后面的数字为版本号。
- samba-client-*.rpm：Samba 客户端组件。
- samba-common-*.rpm：该包存放的是通用的工具和库文件，无论是服务器还是客户端都需要安装该软件包。
- samba-swat-*.rpm：提供使用浏览器的功能，可以通过浏览器实现对 Samba 服务器进行图形化管理。

samba.x86_64 4.4.4-14.el7_3 安装包说明如下：

- samba-3.5.10-125.el6.x86_64：服务器端软件，主要提供 Samba 服务器的守护程序、共享文档、日志的轮替、开机默认选项。
- samba-client-3.5.10-125.el6.x86_64：客户端软件，主要提供 Linux 主机作为客户端时所需要的工具指令集。
- samba-common-3.5.10-125.el6.x86_64：主要提供 Samba 服务器的设置文件和设置文件语法检验程序 testparm。
- samba-swat-3.5.10-125.el6.x86_64：基于 https 协议的 Samba 服务器 Web 配置界面。

2. 安装步骤

【操作】

步骤一：服务查询。

默认情况下，Linux 系统在默认安装中已经安装了 Samba 服务包的一部分，在安装 Samba 服务之前，需要检测系统是否安装了 Samba 相关性软件包，命令如下：

[root@localhost ~] #rpm -qa | grep samba

运行结果如图 9-1 所示。

图 9-1　查看 samba 安装结果

默认情况下可以查询到两个已经存在的包：samba-client 和 samba-common，如图 9-2 所示。

图 9-2　查看 samba 已经安装的包

步骤二：如果系统还没有安装 Samba 软件包，需要进行安装。

（1）在可以联网的机器上使用 yum 工具安装，有依赖关系的包 samba-common、samba-winbind-clients、libsmbclient 将自动安装上去。

[root@localhost ~] # yum install samba

（2）如果未联网，则挂载系统光盘进行安装。可以使用 rpm 命令安装所需软件包。

1）安装 Samba 主程序包。

[root@localhost ~] #rpm -ivh samba-*.rpm

2）安装 Samba 客户端工具。

[root@localhost ~] #rpm -ivh samba-client-*.rpm

3）安装 Samba 通用工具和库文件。

[root@localhost ~] #rpm -ivh samba-common-*.rpm

4）安装 Samba 图形化管理工具。

[root@localhost ~] #rpm -ivh samba-swat-*.rpm

（3）安装完成后，使用命令 rpm -qa | grep samba 进行查询，发现搭建 samba 服务器所依赖的所有服务器都已经安装好了。

Samba 服务器安装完毕，会生成配置文件目录/etc/samba，/etc/samba/smb.conf 是 Samba 的核心配置文件。

任务 3　启动和停止 Samba 服务

【操作】

（1）启动 Samba 服务。

[root@localhost ~] # systemctl start　smb.service

（2）停止 Samba 服务。

[root@localhost ~] # systemctl stop　smb.service

（3）重启 Samba 服务。

[root@localhost ~] # systemctl restart　smb.service

（4）重新加载 samba 服务配置。

[root@localhost ~] # systemctl reload　smb.service

注意：Linux 服务中，当更改配置文件后，一定要重启服务，让服务重新加载配置文件，这样新的配置才能生效。

（5）开机启动 Samba 服务。

systemctl 是管制服务的主要工具，整合 chkconfig 与 service 功能于一体。旧版本的 chkconfig 命令改为：

```
[root@localhost ~] #systemctl enable smb.service
```

任务 4   配置 Samba

1. 配置 Samba 的主配置文件

Samba 服务器的主配置文件名为 smb.conf，位于/etc/samba 目录下。在 Samba 目录下，除了存放主配置文件以外，还存放 Samba 用户列表和这些用户所对应的密码等。因此，它是 Samba 服务非常重要的核心配置文件，完成 Samba 服务器搭建的主要配置都在该文件中进行。smb.conf 文件的整体结构如下：

```
[global]
    全局选项
[homes]
    共享选项
[printers]
    共享选项
[public]
    共享选项
```

方括号中的名字对应配置文件的段，其中[homes]和[public]定义了两个共享，[public]定义了服务器上连接打印机的选项。

- [global]：供用户设定全局参数，其内容可以决定 Samba 服务器的功能。
- [homes]：用于指定 Windows 共享的主目录，如果在 Windows 工作站登录的用户名和密码与 Linux 的用户名及密码相同，那么通过打开"网上邻居"，再双击"共享目录"的图标就可以成功访问共享目录了。从 Windows 访问 Linux 主目录时，用户名将作为主目录共享名。
- [printers]：用于指定如何共享 Linux 网络打印机，从 Windows 系统访问 Linux 网络打印机时，共享的是 printcap 中指定的 Linux 打印机名。

【任务要求】请根据实际情况逐项对 Samba 的主配置文件进行配置。

（1）编辑全局参数[global]。

[global]可以分为基本选项设置、安全选项设置、打印选项设置、日志文件路径设置和网络配置选项设置 5 个部分。其内容及说明如下：

- workgroup

```
workgroup = 工作组名
```

说明：设定 Samba Server 所属的工作组名称。

- server string

```
server string = Samba Server Version %v
```

说明：设置 Samba 服务器的描述信息，默认为 Samba Server Version %v。可以使用 Samba 设定的变量。

```
netbios name = smbserver
```

说明：设置 Samba Server 的 NetBIOS 名称。如果不填，则会默认使用该服务器的 DNS 名称的第一部分。netbios name 和 workgroup 名字设置不要相同。

● interfaces

interfaces =lo eth0 192.168.12.2/24

说明：如果服务器有多个 IP 地址，可以使用 interfaces 选项把 IP 地址列出来。

● bind interfaces only

bind interfaces only=yes

表示 Samba 将绑定 interfaces 选项所设置的 IP 地址，只通过这些 IP 地址提供服务。

● hosts allow

说明：表示允许连接到 Samba Server 的客户端，多个参数以空格隔开。可以用一个 IP 表示，也可以用主机名或者一个网段表示。hosts deny 与 hosts allow 刚好相反。

用 IP 表示格式如下：

hosts allow = 客户端 IP1　　客户端 IP2　...

【操作】

1）允许 127. 192.168.1 和 192.168.10.1 连接到 Samba Server。

hosts allow = 127. 192.168.1 192.168.10.1

用主机名表示：

hosts allow = 主机名

2）允许 ftp.domain.com 连接到 Samba Server。

hosts allow = ftp.domain.com

3）用网段表示。允许网段为 192.168.0.0/24 的客户端连接到 Samba Server。

hosts allow = 192.168.9.

4）拒绝来自 172.17.2.*.*的主机连接，但排除 172.17.2.50。

hosts deny=172.17.2. EXCEPT　172.17.2.50

EXCEPT 表示排除。

5）允许所有计算机连接。

hosts allow=ALL

ALL 表示所有客户端。

● log file

log file = /var/log/samba/log.%m

Samba Server 日志文件的记录位置和具体文件名。在文件名后加个宏%m（主机名），表示对每台访问 Samba Server 的机器都单独记录一个日志文件。如果 pc1、pc2 访问过 Samba Server，就会在/var/log/samba 目录下留下 log.pc1 和 log.pc2 两个日志文件。

● max log size

max log size = 50

说明：每个 Samba Server 日志文件的最大体积，单位为 KB，0 代表不限制。

● ecurity

ecurity = 验证方式

用户访问 Samba Server 的验证方式，一共有以下 4 种：

➢ share：用户访问 Samba Server 不需要提供用户名和口令，安全性能较低。

➢ user：Samba Server 共享目录只能被授权的用户访问，由 Samba Server 负责检查账号和密码的正确性。账号和密码要在本 Samba Server 中建立。

➢ server：依靠其他 Windows NT/2000 或 Samba Server 来验证用户的账号和密码，是一种代理验证。此种安全模式下，系统管理员可以把所有的 Windows 用户和口令集中到一个 NT 系统上，使用 Windows NT 进行 Samba 认证，远程服务器可以自动认证全部用户和口令。如果认证失败，Samba 将使用用户级安全模式作为替代的方式。

➢ domain：域安全级别，使用主域控制器（PDC）来完成认证。

● passdb backend

passdb backend = 用户验证模式

设置 Samba 服务器的用户验证模式。参数可设置为 smbpasswd、tdbsam、ldapsam、mysql。默认为 tdbsam，一般不用修改。

● domain master

domain master = yes/no

设置 Samba 服务器是否要成为网域主浏览器，网域主浏览器可以管理跨子网域的浏览服务。

● domain logons

domain logons = yes/no

设置 Samba Server 是否要作为本地域控制器。主域控制器和备份域控制器都需要开启此项。

● local master

local master = yes/no

local master 用来指定 Samba Server 是否试图成为本地网域主浏览器。yes/no 表示是否参加浏览器竞选。

● os level

os level = 级别

Samba 服务器的 os 级别。指定 Samba 在承担 LMB 角色时的优先权。

● preferred master

preferred master = yes/no

Samba Server 开机强迫进行主浏览器选举。

● smb passwd file

smb passwd file = /etc/samba/smbpasswd

用来定义 Samba 用户的密码文件。

● username map

username map=文件名

指定 Samba 所用的 IP 接口范围。

● encrypt passwords

encrypt passwords = yes/no

是否将认证密码加密。

● wins support

wins support = yes/no

设置 Samba 服务器是否提供 wins 服务。

● wins server

wins server = wins 服务器 IP 地址

设置 Samba Server 是否使用别的 wins 服务器提供 wins 服务。

● wins proxy

wins proxy = yes/no

设置 Samba Server 是否开启 wins 代理服务。

● dns proxy

dns proxy = yes/no

设置 Samba Server 是否开启 dns 代理服务。

● load printers

load printers = yes/no

设置是否在启动 Samba 时就共享打印机。

● printcap name

printcap name = cups

设置共享打印机的配置文件。

● printing

printing = cups

指定打印机类型。

（2）编辑共享参数。

1）[homes]部分。

● comment

comment =任意字符串

对该共享的描述可以是任意字符串。

● path

path =共享目录路径

设置共享目录的路径。

● writable

writable = yes/no

设置客户端是否对这个目录具有可写的权限。

● browseable

browseable = yes/no

用来指定该共享是否可以浏览。

● valid users

valid users =允许访问该共享的用户

可以访问 home 目录的用户。

● invalid users

invalid users =禁止访问该共享的用户

用来指定不允许访问该共享资源的用户。

● read only

read only

设置目录是否为只读模式。

● create mode

create mode

在 home 目录中创建文件时对文件设置的权限属性。

● directory mode

directory mode

在 home 目录中创建文件时设置的权限属性。

2）[printers]部分。

在该节定义共享打印机的相关选项，使 Linux 可以通过 Samba 向网络中的其他计算机提供打印服务，常用设置选项如下：

● comment

comment

对打印机的注释说明。

● path

path

设置打印机的 spool 目录。

● browseable

browseable= no/yes

设置其他用户是否可以浏览到打印机。

● guest ok

guest ok= no/yes

设置 guest 用户是否可以使用打印机。

● writable

writable= no

必须设为 no。

● printable

printable= yes

打印机是否允许使用，设置为 yes 才能使用网络打印。

2. 配置 Samba 服务日志文件

日志文件对于 Samba 来说非常重要,它存储着客户端访问 Samba 服务器的信息以及 Samba 服务的错误提示信息等。可以通过分析日志，帮助解决客户端访问和服务器维护等问题。在/etc/samba/smb.conf 文件中，log file 为设置 Samba 日志的字段。

Samba 服务的日志文件默认存放在/var/log/samba/中，其中 smbd 进程的日志为 log.smbd，nmbd 进程的日志为 logn.nmbd。nmbd.log 记录 nmbd 进程的解析信息。smbd.log 记录用户访问 Samba 服务器的问题以及服务器本身的错误信息，可以通过该文件获得大部分的 Samba 维护信息。当客户端通过网络访问 Samba 服务器后，会自动添加客户端的相关日志。

根据实际情况配置如下项目：

● log file

设置 Samba 日志文件的存放位置和文件名称，例如：

log file = /var/log/samba/&m.log

其中，%m 表示客户端的 NetBIOS 名称。

● log level

Samba 日志级别，默认级别为 0。级别越高，日志的信息越丰富。例如：

log level = 1

● max log size

设置日志文件的大小限制，单位为 KB。

max log size = 0

3. 配置 Samba 服务密码文件

Samba 服务器发布共享资源后，客户端访问 Samba 服务器，需要提交用户名和密码进行身份验证，验证合格后才可以登录。Samba 服务为了实现客户身份验证功能，将用户名和密码信息存放在/etc/samba/smbpasswd 中，在客户端访问时，将用户提交的资料与 smbpasswd 存放的信息进行比对，如果相同，并且 Samba 服务器其他安全设置允许，客户端与 Samba 服务器连接才能建立成功。

Samba 账号并不能直接建立，需要先建立 Linux 同名的系统账号。如果要使用 Linux 中已有的用户和密码登录 Samba 服务器，也可以使用 Samba 提供的一个快速迁移脚本程序 mksmbpasswd.sh，用以下命令即可将系统中已有的用户和密码迁移到 Samba 密码文件中：

[root@localhost ~]# cat /etc/passwd | mksmbpasswd.sh >/etc/samba/smbpassed

执行以上命令，就可以将系统中已有用户密码添加到密码文件/etc/samba/smbpassed 中，然后在配置文件 smb.conf 中加上以下内容：

smb passwd file=/etc/samba/smbpasswd

为了系统安全，通常还是在 Linux 中创建一个无登录密码的用户，这些用户就不能登录到 shell，然后使用 smbpasswd 来创建登录 Samba 服务器的密码即可。

Smbpasswd 命令如下：

smbpasswd　[选项]　[用户名]

选项参数：

● -a：添加用户。
● -d：禁止用户。
● -e：允许用户。
● -n：设置用户密码为空。
● -x：删除用户。
● -h：显示命令的帮助信息。

【操作】

将用户 testuser 添加到 Samba 服务器的密码文件中，允许该用户登录到 Samba 服务器。命令如下：

[root@localhost ~] #smbpasswd　-a　testuser

任务 5　配置 share 服务器

由于工作需要，公司需要架设一台 Samba 服务器，各部门可以将文件上传到 Samba 服务器的 tmpdoc 目录中，即对该目录有写权限；Samba 服务器还有一个共享目录/usr/soft，各部门的计算机只可以从该目录下载文件，即具有只读权限。

【操作】

（1）创建/usr/soft 目录。

[root@localhost ~] #mkdir   /usr/soft

（2）设置/usr/soft 目录的权限为 755。

[root@localhost ~] # chmod 755 /usr/soft

（3）创建 tmpdoc 目录。

[root@localhost ~] # mkdir /home/tmpdoc

（4）所有用户可上传文件到/home/tmpdoc 目录中，因此需要设置该目录权限。

[root@localhost ~] # chown nobody:nobody /home/tmpdoc

（5）/etc/samba/smb.conf 文件修改配置如下：

```
[global]
workgroup = WORKGROUP              //工作组名，要与 Windows 的工作组名称相同
server string =samba Server         //指定 Samba 服务器的描述字符串
security = share                   //用户访问不需要认证
log file = /var/log/samba/log.%m.log  //为每个连接 Samba 的客户端设置的日志
max log size = 50                  //日志文件最大容量为 50


//设置共享目录 soft
[soft]
comment=soft
path=/usr/soft                     //设置共享目录的实际位置
public=yes                         //设置允许匿名访问该目录
writable=no                        //设置 guest 对该目录只有读的权限
//设置一个共享目录 tmpdoc
[tmpdoc]
comment=temp docs                  //对 tmpdoc 的注释说明
path=/home/tmpdoc
public=yes                         //允许匿名访问
writable=yes                       //可进行写操作
```

（6）保存以上配置文件。

（7）重启 smb 服务。

[root@localhost ~] # systemctl restart   smb.service

（8）测试是否达到要求。在 Windows 中打开"网络"窗口，在地址栏中输入服务器的地址。

（9）按 Enter 键，可以看到服务器中的两个共享目录：soft 和 tmpdoc。

任务 6　配置 user 服务器

如果在 Samba 服务器上存在重要文件的目录，为了保证系统安全性及数据保密性就必须对用户进行筛选，允许或禁止相应的用户访问指定的目录，这里 share 安全级别模式就不能满足这样的实际要求了。

实现用户身份验证的方法很多，可以将安全级别模式配置为 user、server、domain 和 ads，

但是最常用的还是 user 安全级别模式。

（1）创建技术部用户组。

```
[root@localhost ~]# groupadd tech
```

（2）使用以下命令创建用户 admin 和 li，li 用户属于组 tech：

```
[root@localhost ~]#useradd   -s /sbin/nologin   admin
[root@localhost ~]#useradd   -g tech   -s /sbin/nologin   li
```

（3）将各用户添加到 Samba 密码文件中，并设置各用户的密码。

```
[root@localhost ~]#smbpasswd -a  admin
```

执行这条命令后会出现提示信息，提示输入密码。重复以上命令将全部用户添加到密码文件中并设置好密码。

（4）创建目录 tech。

```
[root@localhost ~]# mkdir /home/tech
```

（5）设置 tech 目录权限，即只有 tech 组用户对其有读写权限，其他用户不能读写。

```
[root@localhost ~]#chgrp   tech   /home/tech
```

（6）修改 tech 目录的权限，同组用户有写的权限，其他用户没有任何权限。

```
[root@localhost ~]# chmod 570   /home/tech
```

（7）将 admin 设置成/usr/soft/目录的所有者。

```
[root@localhost ~]# chown admin /user/soft
```

（8）由于所有用户都需要登录，因此登录到 Samba 服务器后就不会是 nobody 用户了。为了使所有用户都对 home 目录有写权限，使用以下命令将该目录的权限设置为 777：

```
[root@localhost ~]# chown 777 /home/home
```

（9）编辑 smb.conf 配置文件。

```
[global]
    workgroup = Workgroup
    server string =samba Server
    security = user
    log file = /var/log/samba/%m.log
    max log size = 50


[soft]
    comment=soft
    path=/usr/soft
    public=yes
    writable=no
    write list=admin        //添加了有写权限的用户 admin

    [tmpdoc]
        comment=temp docs
        path=/home/tmpdoc
        public=yes
        Writable=yes
    [tech]
        comment=tech directory
        path=/home/tech
```

```
            public=no
            write list=@tech
            valid users=@tech        //设置 tech 对此目录有访问权限
```

（10）使用 testparm 命令检查 smb.conf 配置文件，各项参数都设置正确后，使用以下命令重启 smb 服务：

```
[root@localhost ~] # systemctl restart    smb.service
```

任务 7   配置用户映射文件

Samba 的用户账号信息保存在 smbpasswd 文件中，而且可以访问 Samba 服务器的账号也必须对应一个同名的系统账号。出于对系统安全的考虑，为防止 Samba 用户通过 Samba 账号来猜测操作系统用户的信息以及提供更加灵活方便的用户管理方法，就出现了 Samba 用户映射。

用户账号映射这个功能需要建立一个账号映射关系表，里面记录了 Samba 账号和虚拟账号的对应关系，客户端访问 Samba 服务器时就使用虚拟账号来登录。

【操作】

（1）编辑主配置文件/etc/samba/smb.conf。

在 global 下添加一行代码：

```
username map = /etc/samba/ smbusers
```

（2）编辑/etc/samba/smbusers。

格式：

```
Samba 用户账号 = 需要映射的账号列表
```

添加：

```
root=administrator
nobody= guest   pcgust    smbguest
shareuser = u1    u2
```

说明：u1 和 u2 是账号 shareuser 映射的账号。

（3）重启 Samba 服务。

```
[root@localhost ~] # systemctl restart    smb.service
```

（4）验证。

输入账号 u1 和 shareuser 的密码，查看是否可以浏览共享目录。

任务 8   配置打印服务共享

默认情况下，Samba 的打印服务是开放的，所以只要把打印机安装好后客户端的用户就可以使用打印机了。

【操作】

打开 smb.conf 配置文件，作如下修改：

[global]字段添加：

```
printcap name =/etc/printercap        //打印机配置文件的位置
load printers=yes                     //加载打印机
```

printing =bsd	//打印系统类型为 bsd

[printers]字段添加：

[printers]	
comment = All Printers	
path = /var/spool/samba	//设置打印机队列的位置，存放打印的临时文件
browseable = no	//设置为不可浏览
guest ok = no	//访问共享打印机需要账号和密码
writable = no	
printable = yes	//允许用户更改打印机队列中的文件

重新启动 Samba 服务，否则客户端可能无法看到共享的打印机。

任务 9　Linux 访问 Windows 系统

通过对 smb.conf 配置文件进行操作，将 Linux 配置为 Samba 服务器，该服务器主要是让 Windows 用户访问 Linux 系统中的文件。如果要从 Linux 系统访问 Windows 系统中共享的资源，有多种方式。

方式一：挂载到 Linux 文件系统。

共享 Windows 系统中的文件最常用的方法是使用 mount 命令挂载 Windows 的共享目录到本地磁盘。

【操作】

在 Linux 系统中建立一个挂载点/mnt/windows，Windows 的 IP 为 192.168.174.1，共享文件夹为 share。

（1）用以下命令创建一个挂载点：

```
#mkdir   /mnt/windows
```

（2）使用以下命令进行挂载：

```
# mount   -o   username=administrator//192.168.174.1/share/mnt/windows/
  Password:
```

执行以上命令时，将提示输入密码，应输入 administrator 用户账号的密码进行验证，也可以使用其他用户的账号进行验证。

（3）将 Windows 的共享目录挂载到 Linux 系统后，可使用 Linux 中的命令对共享的文件进行操作。

方式二：使用 smbclient。

在 Samba 软件包中提供了一个 smbclient 工具，该工具可以登录到 Windows 的共享目录，然后以与 FTP 类似的方式对文件进行下载和上传。

（1）使用 smbclient 查看共享资源。

查看 IP 地址为 192.168.174.1 的计算机的共享资源，命令如下：

```
#smbclient   -L //192.168.174.1
```

执行以上命令，将显示计算机的信息，下方列表显示了该计算机的共享资源。未指定用户账号时将以匿名登录的方式查询服务器的资源。

（2）使用 smbclient 访问共享资源。

使用 smbclient 不仅可以查看指定的计算机中有哪些共享资源，还可以进一步对这些共享资源进行操作。smbclient 命令行共享访问模式格式如下：

> smbclient //目标 IP 地址或主机名/共享目录 -U 用户名%密码

如果输入正确，就会进入 Samba 交互界面，如下：

> smb: \>

在该交互界面中我们可以使用如下命令获取共享资源：

- Help 或?：显示命令列表。
- !：执行本地命令。
- ls：显示文件列表。
- get：下载单个文件。
- put：上传单个文件。
- mget：批量下载文件。
- mput：批量上传文件。
- mkdir：建立目录。
- rmdir：删除目录。
- rm：删除文件。

项目总结

Samba 是实现 SMB 协议的一种操作系统服务器软件，我们可以把它安装在 Linux 系统中，以实现 Linux 和 Windows 系统之间的相互访问。smb.conf 是 Samba 的主要配置文件，可以通过文本编辑器打开编辑。采用用户级的 Samba 安全性设置时（Security=user），需要为每个通过 Windows 系统访问 Linux 的用户指定一个 Samba 账号。

思考与练习

一、选择题

1. Ubuntu 系统中 Samba 服务器的启动方式有（   ）。

    A．/etc/init.d/smb start   B．service smb start

    C．/etc/init.d/smbs start   D．/etc/init.d/smb reload

2. 在 Samba 服务的配置文件中，如果允许来自所有网段 192.168.8.0 内的主机访问，其 IP 配置应该是（   ）。

    A．192.168.8.0   B．192.168.8.1

    C．192.168.8.   D．192.168.8.*

3. 启动 Samba 服务器进程可以有两种方式：独立启动方式和父进程启动方式，其中前者是在（   ）文件中以独立进程方式启动。

    A．/usr/sbin/smbd   B．/usr/sbin/nmbd

    C．rc.samba   D．/etc/inetd.conf

4. 使用 Samba 服务器，一般来说，可以提供（   ）。

A．域名服务 B．文件共享服务

C．打印服务 D．IP 地址解析服务

5．在 smb.conf 文件中，我们可以通过设置（　　　）来控制可以访问 Samba 共享服务的合法主机。

A．allowed B．hosts valid

C．hosts allow D．public

二、填空题

1．Linux 和 Windows 系统之间的相互访问方式有_____和_____。

2．SMB 协议是实现_____的协议。

3．Samba 服务的配置文件是_____。

三、简答题

1．Samba 服务器的主要作用是什么？

2．命令 smbclient 的各个参数及其作用是什么？

3．怎样为 Windows 系统创建 Samba 客户机？

4．请描述以下命令的含义：

sudo cat /etc/passwd | /usr/bin/mksmbpasswd.sh>/etc/samba/smbpasswd

技能实训

实训 1：匿名 Samba 服务器配置

一、实训描述

公司有一台允许匿名访问的 Samba 服务器，用于供全公司员工上传、下载文件。其中，所有用户对/tmp/test 目录有只读权限，对/tmp/share 目录有读写权限。服务器主机名为 publicPC，所属工作组为 group1。

二、实训步骤

（1）创建目录/tmp/test，设置其为所有用户提供只读权限的共享。

```
# mkdir   /tmp/test
```

（2）创建/tmp/share 目录。

```
# mkdir   /tmp/share
```

（3）设置 share 目录权限为所有用户可读写。

```
# chmod   777   /tmp/share
```

（4）打开/etc/sabma/smb.conf 文件。

```
# vi /etc/sabma/smb.conf
```

（5）编辑/etc/sabma/smb.conf 文件。

```
[global]
workgroup = group1
server string = publicPC
Netbios name = yourname
Security=share
...
[publicPC]
comment = test
path = /tmp/test          //共享目录路径
read only=yes             //只读
guest ok = yes            //允许匿名用户访问

[share]
comment = public share
path = /tmp/share         //共享目录路径
writeable = yes           //可读写
public = yes              //允许匿名用户访问
```

（6）保存设置。

（7）用 testparm 检查。

```
# testparm
```

（8）重启 smb 服务。

```
# service   smb   restart
```

实训 2：配置需要用户身份验证的 Samba 服务器配置

一、实训描述

在 Samba 服务器创建一个 agroup 组，成员有 u1 和 u2。Samba 服务器本机审查用户账号和密码。另外要求 agroup 组中的成员用户仅能通过 Samba 服务器访问 Linux 主机上的共享资源，而不允许他们以其他方式登录到系统中。创建一个/tmp/ga 目录，允许 agroup 组用户对/tmp/ga 目录有读写权限，其他用户有只读权限。将/tmp/test 设置成只有 u1 用户有可读写的共享访问权限，其他用户不可以共享访问。

二、实训步骤

（1）创建一个组 agroup。

```
# groupadd   agroup
```

（2）向 agroup 组添加成员 u1 和 u2。

```
# useradd -g   ga   u1
# useradd -g   ga   u2
```

（3）添加 Samba 账号，Samba 服务器要求合法的 Samba 用户必须先是一个 Linux 用户。

```
# smbpasswd    -a    u1
# smbpasswd    -a    u2
```

（4）创建/tmp/ga 目录并设置权限。

```
# mkdir    /tmp/ga
```

（5）设置/tmp/ga 权限。

```
# chmod    a+rw    /tmp/ga
# chmod    777    /tmp/test
```

（6）打开 smb.conf 文件。

```
# vi        /etc/samba/smb.conf
```

（7）配置/etc/sabma/smb.conf 文件。

```
[global]
Security = user
...
[publicPC]
path = /tmp/test
comment = test's directory
read only = no                    //允许有效用户可读写的访问目录
valid users = u1                  //指定可以访问的有效用户 u1
…
[ga]
path = /tmp/ga                    //指定共享目录路径
comment = public agroup
write list = @agroup              //指定对共享资源有读写权的组
```

（8）保存设置。

（9）用 testparm 检查。

```
# testparm
```

（10）重启 smb 服务。

```
# service   smb   restart
```

（11）在 Windows 的"网上邻居"中分别用账号 u1、u2 和其他账号访问测试配置效果。

项目十

搭建 DHCP 服务器

学习目标

- 了解 DHCP 的工作流程。
- 能够安装、启动和停止 DHCP 服务程序。
- 能够配置 DHCP 服务器。
- 能够配置 DHCP 客户端。

项目背景

　　小张想为每台计算机配置一个 IP 地址，老员工告诉他："IP 地址及与之相关的子网掩码是用来标识主机及与其连接的子网的，如果计算机被转移到其他的子网中，则必须更改其 IP 地址信息。在基于 TCP/IP 的大型网络环境中，如果要为每台计算机配置一个 IP 地址，这将是一项非常艰巨的任务。"因此他建议小张使用 DHCP 服务器来配置客户机的 IP 地址，这样既可以降低重新配置计算机的难度，又可以减少工作量。

任务 1　安装前准备

　　1. 了解 DHCP 服务

　　DHCP（Dynamic Host Configuration Protocol，动态主机配置协议）指的是由服务器控制一段 IP 地址范围，客户机登录服务器时就可以自动获得服务器分配的 IP 地址和子网掩码，它提供了即插即用联网的机制，这种机制允许一台计算机加入新的网络和获取 IP 地址而不用手工参与。

　　DHCP 分为服务器端和客户端两部分。DHCP 自动配置网络参数具有诸多优点：

　　（1）IP 地址由 DHCP 服务器自动分配给每一台计算机，确保每一台计算机都使用正确的配置信息，减少了 IP 地址冲突的可能性。

（2）使用 DHCP 服务器能大大减少配置消耗的资源和重新配置网络上计算机的时间，服务器可以在指派 IP 地址时配置所有的附加配置值。

（3）维护工作量小，减轻了管理员的工作负担。

（4）大部分路由器可以转发 DHCP 配置请求，因此互联网的每个子网并不都需要 DHCP 服务器。

2. 熟悉 DHCP 服务的工作原理

DHCP 是典型的客户端/服务器模式，由客户端向服务器发出获取 IP 地址的申请，服务器接收到客户端的请求后，会把分配的 IP 地址以及相关的网络配置信息返回给客户端，以实现 IP 地址等信息的动态配置。工作过程如下：

（1）DHCP 客户端启动时，由于没有 IP 地址，会自动发送一个 discover 报文。网络上所有支持 TCP/IP 的主机都会收到该 DHCP Discover 报文，但是只有 DHCP Server 会响应该报文。

（2）DHCP Server 收到 discover 报文后，通过解析报文查询 dhcpd.conf 配置文件，将从未出租的 IP 地址中选出一个，并将带有相关配置参数的 DHCP Offer 消息以广播的形式发往发送请求的客户端。

（3）当 DHCP 客户端收到 Offer 报文时，知道在本网段中有可用的 DHCP Server 可以提供 DHCP 服务，因此，它会发送一个 request 请求报文，向该 DHCP Server 请求 IP 地址、掩码、网关、DNS 等信息。

（4）当 DHCP Server 收到 DHCP 客户端发送的 DHCP Request 后，将向客户机发送一个包含 IP 地址和其他配置参数的 DHCP ACK 消息来告诉客户机可以使用此 IP 地址以及相关的参数。然后 DHCP 客户端即可将该 IP 地址与网卡绑定。另外其他 DHCP Server 都将收回自己之前为 DHCP Client 提供的 IP 地址。

（5）在获得 IP 地址之后，DHCP 客户端重新登录，以单播的形式发送一个以前的 DHCP Server 分配的 IP 地址信息的 DHCP Request 报文，当 DHCP Server 收到该请求后，会尝试让 DHCP 客户端继续使用该 IP 地址，并回答一个 ACK 报文。如果该 IP 地址已经被使用，DHCP 回复一个 NACK 报文。当 DHC 客户端收到该 NACK 报文后，会重新发送 DHCP Discover 报文来重新获取 IP 地址。

（6）DHCP Client 续约阶段。DHCP 获取到的 IP 地址是有租用期限的，租约过期后，DHCP Server 将回收该 IP 地址，所以如果 DHCP Client 想继续使用该 IP 地址，则必须更新其租约。更新的方式就是，当当前租约期限过了一半时，DHCP Client 会发送 DHCP Renew 报文来续约租期。

任务 2　安装 DHCP 服务

要使用 DHCP，必须考虑在网络的某一台计算机中安装 DHCP 服务器程序。安装 DHCP 服务器程序的过程如下：

（1）通过 ping 命令检查客户机和服务器之间能否通信。

（2）查看软件包是否安装。

```
[root@localhost ~]#   rpm -qa dhcp
```

（3）如果执行以上命令没有提示信息，表示系统中未安装 DHCP 服务程序，需要进行安装。

```
[root@localhost ~]# yum    install dhcp
```

运行结果如图 10-1 所示。

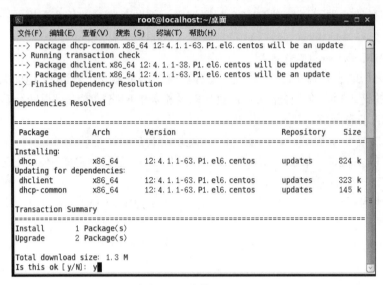

图 10-1　安装 DHCP

（4）检查安装结果。

执行步骤（2）的命令查看 DHCP 服务是否已经安装完毕，若如图 10-2 所示，则表示已经安装完毕。

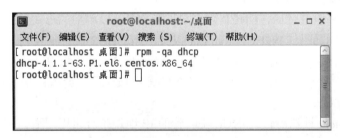

图 10-2　检查 DHCP 是否安装成功

任务 3　配置 DHCP 服务

1．配置 dhcpd.conf

dhcpd.conf 文件对关键字严格区分大小写，每行除了括号以外都必须以分号 ";" 结束，以 "#" 号开始的行表示该行为注释行，格式如下：

```
全局选项/参数;             //这些选项/参数全局有效并位于声明之上
声明{
    选项/参数;             //这些选项/参数局部有效
}
```

dhcpd.conf 文件中包括以下 3 个部分：

● parameters（参数）：表明如何执行任务、是否要执行任务、将哪些网络配置选项发送给客户，常用参数如下：

➢ Defaults-lease-time：默认租约时间，单位为秒。

➢ Max-lease-time：最大租约时间，客户端超过租约但尚未更新 IP 时最长可以使用该 IP 的时间。

➢ ddns-update-style：配置 DHCP-DNS 互动更新模式。

➢ hardware：指定网卡接口类型和 MAC 地址。

➢ server-name：通知 DHCP 客户服务器名称。

➢ get-lease-hostnames flag：检查客户端使用的 IP 地址。

➢ fixed-address ip：分配给客户端一个固定的地址。

➢ authritative：拒绝不正确的 IP 地址的要求。

【操作】

设置默认租约时间 21600 和最大租约时间 43200。

```
default-lease-time    21600
max-lease-time    43200
```

● option（选项）：用来配置 DHCP 可选参数，全部用 option 关键字作为开始。

➢ option routers：为客户端设置默认网关。

➢ option subnet-mask：为客户端设置子网掩码。

➢ option domain-name：为客户端指明 DNS 名字。

➢ option domain-name-servers：为客户端指明 DNS 服务器的 IP 地址。

➢ option time-offset：为客户端设置和格林威治时间的偏移时间，单位是秒。

➢ option ntp-server：为客户端设置网络时间服务器 IP 地址。

➢ option host-name：为客户端指定主机名称。若客户端使用Windows，则不要选择 host-name，即不要为其指定主机名称。

➢ option broadcast-address：为客户端设置广播地址。

【操作】

设置默认网关的 IP 地址和子网掩码的值。

```
option routers    192.168.1.1
option subnet-mask    255.255.255.0
```

● declarations（声明）：描述网络布局、提供客户的 IP 地址等。

➢ shared-network：告知是否一些子网分享相同网络。

➢ range：起始 IP 终止 IP，提供动态分配 IP 的范围。

➢ host：需要参考主机名。

➢ group：为一组参数提供声明。

➢ allow unknown-clients/deny unknown-client：是否动态分配 IP 给未知的使用者。

➢ allow bootp/deny bootp：是否响应激活查询。

➢ allow booting/deny booting：是否响应使用者查询。

➢ filename：开始启动文件的名称，应用于无盘工作站。

> ➤ next-server：设置服务器从引导文件中装入主机名，应用于无盘工作站。
> ➤ subnet：描述一个 IP 地址是否属于该子网。

声明设置选项格式为：

```
subnet 子网 ID netmask 子网掩码{
    range 起始 IP 地址 结束 IP 地址;       //指定可分配给客户端的 IP 地址范围
    IP 参数;                              //定义客户端的 IP 参数，如子网掩码、默认网关等
}
```

2. 配置 dhcpd.conf
- option domain-name：DHCP 主机名。

功能是设置 DHCP 主机的名称。

【操作】

```
option domain-name "byl2514.com";
```

- option domain-name-servers：名称服务器的地址。

功能是设置默认 DNS。

【操作】

```
option domain-name-servers 192.168.9.174;
```

- defaults-lease-time：时间。

功能是设置默认租约时间，单位为秒。

【操作】

```
default-lease-time 600;
```

- max-lease-time：时间。

客户端 IP 租约时间的最大值，即客户端超过租约但尚未更新 IP 时最长可以使用该 IP 的时间，单位为秒。

【操作】

```
max-lease-time 7200;
```

- log-facility local：级别。

功能是设置 log 级别。

【操作】

```
log-facility local 7;
```

3. 配置示例

网络中有若干台计算机，在该网络中用 Linux 搭建 DHCP 服务器，实现自动分配 IP 地址的功能。需求如下：

网络中 IP 地址的网段：192.168.9.0。

子网掩码：255.255.255.0。

DHCP 主机的 IP：192.168.9.1/24。

DHCP 动态分配的 IP 范围：192.168.9.80～192.168.9.180。

DHCP 客户端的网关设置：192.168.9.1。

【操作】

DHCP 服务的配置文件是/etc/dhcp/dhcpd.conf，使用 cat 命令查看文件内容。如图 10-3 所示，文件打开后只有注释内容。当需要 DHCP 服务器时，可按照提示复制/usr/share/doc/dhcp*/

dhcpd.conf.sample 到/etc 目录下并改名为 dhcpd.conf。

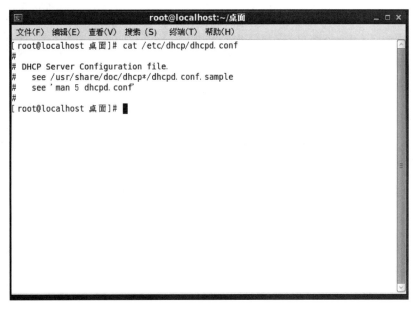

图 10-3   /etc/dhcp/dhcpd.conf 文件

使用 cat 命令查看新的 dhcpd.conf 文件。

[root@localhost ~] # cat dhcpd.conf

根据需求修改文件，内容如下：

subnet   192.168.9.0   netmask   255.255.255.0{   //配置子网的网段和子网掩码
option routers   192.168.9.20;   //设置默认网关 IP 地址
option subnet-mask   255.255.255.0;
option nis-domain   "Scat. com";
option domain-name   "Scat. com";   //设置主机名
option domain- name-servers   192.168.9.36;   //设置默认 DNS
option time-offset   -18000;   //为客户端指定和格林威治时间的偏移时间
range dynamic-bootp 192 .168.9.80   192.168. 9.180;
//设置可自动分配的 IP 地址范围
default-lease-time   691200;   //默认租约时间
host   ns {
    next-server marvin. centos. com;
    hardware ethernet 12:34:56:78:AB:CD;
    fixed-address 192.168. 9.60;   //设置特殊用途的 IP 地址
    }
}

配置好之后一定要重启服务，并且保证下一次开机的时候生效。

注意： 如果 Linux 系统装在虚拟机中，虚拟机自带 DHCP 功能，所以应将其关闭。

【操作】

在 Linux 系统中架设 DHCP 服务器，然后给网段是 192.168.16.0 的网段分配 IP 地址，网关是 192.168.16.254，DNS 域名地址为 192.168.16.1。修改过程如图 10-4 所示。

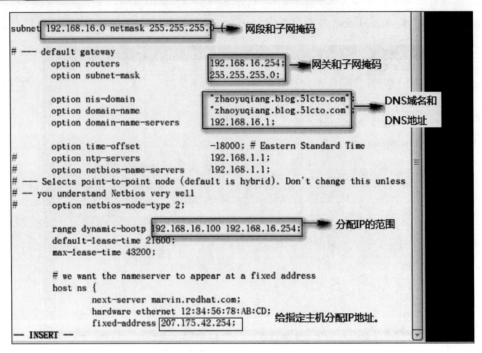

图 10-4　架设 DHCP 服务器

修改完毕后按 Esc 键，输入 wq，按回车键保存。

任务 4　启动和停止 DHCP 服务

DHCP 服务遵循一般的服务启动、停止规范，下面将具体讲解 DHCP 服务的启动、重启和停止操作。

【操作】

（1）启动 DHCP 服务。

[root@localhost ~]# systemctl start　dhcpd.service

这时可以用 netstat -nlutp 命令查看 DHCP 服务是否已启动。

（2）重启 DHCP 服务。

DHCP 服务的重启操作类似其启动操作，停止并重新启动该服务的命令如下：

[root@localhost ~]# systemctl restart　dhcpd.service

（3）停止 DHCP 服务。

DHCP 服务的停止方式也类似其启动操作，停止该服务的命令如下：

[root@localhost ~]# systemctl stop　dhcpd.service

任务 5　配置 DHCP 客户端

1. 配置 Linux 下的 DHCP 客户端

在 Linux 中可以使用两种方式来配置 DHCP 客户端，即手工配置方式和图形界面配置方式。

（1）手工配置。在 Linux 系统中，每个网络设备（网卡）都在/etc/sysconfig/network-scripts/目录中有一个对应的配置文件，例如，第 1 块网卡的配置文件为 ifcfg-eth0，第 2 块网卡的配置文件为 ifcfg-eth1，依此类推。

【操作】

手工配置 DHCP 客户端时，需要修改网卡对应的配置文件。修改客户机中的第 1 块网卡，使其自动获取 IP 地址，可使用以下命令修改对应的配置文件：

```
[root@localhost ~]# vi    /etc/sysconfig/network-scripts/ifcfg-eth0
```

修改的内容如下：

```
DEVICE=eth0
BOOTPROTO=dhcp
HWADDR=00:0C:29:FA:DC:1F
ONBOOT=yes
```

其中，第 2 行设置使用 DHCP 方式获取 IP 地址。

在 Linux 中修改了网卡的配置文件后，可重启系统使其生效，也可使用以下命令重新启动网卡：

```
[root@localhost ~]#ifdown    eth0
[root@localhost ~]#ifup    eth0
```

注意：若不使用以上命令重启系统，新设置的网卡属性将不起作用。

（2）图形界面配置。启动到 Linux 的图形界面后，可通过相应的系统命令修改网络的配置，以使用 DHCP 方式获取 IP 地址。

【操作】

具体步骤如下：

1）选择"系统"→"管理/网络"命令，打开"网络配置"对话框，在该对话框中可以看到本机中已有的网络设备。选中网络设置 eth0，单击"编辑"按钮。

2）弹出"以太网设备"对话框，选中"自动获取 IP 地址设置使用"单选按钮，并在右侧的列表框中选择 dhcp 选项。

3）单击"确定"按钮，完成设置。

2. 配置 Windows 下的 DHCP 客户端

在 Windows 中设置 DHCP 方式获得 IP 地址的方法很简单，下面以 Windows 7 为例简单介绍。

【操作】

（1）右击 Windows 7 桌面上的"网络"图标，在弹出的快捷菜单中选择"属性"命令，打开"网络和共享中心"窗口，选择"更改适配器设置"选项。

（2）打开"网络连接"窗口，右击"本地连接"图标，在弹出的快捷菜单中选择"属性"命令，打开"本地连接 属性"对话框。选中"Internet 协议（TCP/IP）"选项，单击"属性"按钮。

（3）弹出"Internet 协议（TCP/IP）属性"对话框，选中"自动获得 IP 地址"和"自动获得 DNS 服务器地址"单选按钮。

（4）单击"确定"按钮，完成 DHCP 客户端的配置。

项目总结

DHCP 服务器为联网主机分配 IP 地址等上网参数，可以极大地减轻网络管理的工作负担。通过完成本项目，学生可以进一步了解 DHCP 服务，掌握 DHCP 的工作原理、DHCP 服务器的安装、dhcpd.conf 文件的配置、DHCP 服务的启动与停止、DHCP 客户端的配置等操作方法。

思考与练习

一、选择题

1．DHCP 是动态主机配置协议的简称，作用是可以使网络管理员通过一台服务器来管理一个网络系统，自动地为一个网络中的主机分配（　　　）地址。

    A．网络　　　　　　B．MAC　　　　　　C．TCP　　　　　　　　D．IP

2．在 dhcpd.conf 中用于向某个客户主机分配固定 IP 地址的参数是（　　　）。

    A．Server-name　　B．Fixed-address　C．Filename　　　　D．hardware

3．在 DHCP 服务器的配置中，指定 IP 地址范围的配置选项是（　　　）。

    A．host　　　　　　B．fixed-address　C．range　　　　　　D．pool

二、填空题

1．DHCP 服务器的作用是_____。

2．DHCP 服务的租约文件是_____。

3．控制 DHCP 转接代理服务器运行的命令是_____。

三、简答题

1．DHCP 服务的主要用途是什么？

2．请描述 DHCP 服务地址的分配过程。

3．为什么要使用 DHCP 转接代理服务器？

技能实训

实训 1：DHCP 服务器配置

一、实训描述

办公室有一些计算机，现需要一台 Linux DHCP 服务器来实现给其他计算机分配 IP 地址。现有数据如下：

DHCP 主机的 IP：172.16.20.0。

DHCP 动态分配的 IP 范围：172.16.20.2～172.16.20.22。

DHCP 客户端的网关设置：172.16.20.2。

二、实训步骤

（1）安装 DHCP 服务所需的软件包。

使用以下命令检查是否安装了 DHCP：

```
#rpm -qa|grep dhcp
```

（2）如果没有安装，使用如下命令安装：

```
# yum    install dhcp
```

（3）默认情况下，Linux 下 DHCP 配置文件不存在，需要到/usr/share/doc/dhcp*目录下复制文件 dhcpd.conf.sample 到/etc 目录下并修改名称为 dhcp.conf，如图 10-5 所示。

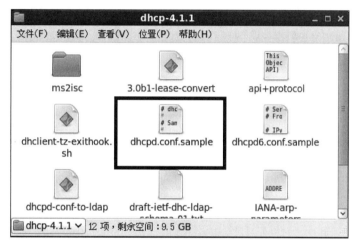

图 10-5　dhcpd.conf.sample 文件位置

执行命令复制，输入：

```
#cd /etc
#cp /usr/share/doc/dhcp*/dhcpd.conf.sample    dhcp.conf        //复制配置文件模板
#vi /etc/dhcpd.conf                                            //使用 Vi 修改/etc/dhcpd.conf
```

（4）修改配置文件。

```
ddns-update-style interim;                      //配置使用过度性 DHCPDNS 互动更新模式
ignore client-updates;                          //忽略客户端更新
subnet   172.16.20.0   netmask   255.255.255.0 {   //声明网段
# -- default gateway
option routers      172.16.20.2;                //定义网关
option subnet-mask      255.255.255.0;          //定义子网掩码
option nis-domain     "domain.org";             //为客户端设置 NIS 域
option domain-nam     "domain.org";             //为客户端设置 DNS 域
option domain-name-servers   172.16.20.2;       //为客户端设置 DNS 服务器地址
option time-offset      -18000;                 //设置与格林威治时间的偏移
# option ntp-servers       172.16.20.2;
# option netbios-name-servers   172.16.20.2;
# option netbios-node-type 2;
```

169

```
...
    range dynamic-bootp 172.16.20.2 172.16.20.22;        //设置地址池
    default-lease-time 21600;                            //设置客户端默认地址租约期
    max-lease-time 43200;                                //设置客户端最长地址租约期
# we want the nameserver to appear at a fixed address
    host   ns {
        next-server marvin.redhat.com;          //设置用于定义服务器从引导文件装入的主机名，用于无盘站
        hardware ethernet 12:34:56:78:AB:CD;    //指定客户端的 MAC 地址
        fixed-address 207.175.42.254;           //对于指定的 MAC 地址分配固定的 IP 地址
    }
}
```

（5）如果要对个别主机进行 MAC 地址与 IP 地址的绑定，那么就要在/etc/dhcpd.conf 文件中将

```
host ns {
            next-server marvin.redhat.com;
            hardware ethernet 12:34:56:78:AB:CD;
            fixed-address 207.175.42.254;
}
```

修改成：

```
group {
        host 001 {

            option host-name"001.bite.edu";
            hardware ethernet 12:34:56:78:AB:CD;
            fixed-address 192.168.1.10;
        }

        host 002 {
            option host-name"002.bite.edu";
            hardware ethernet 12:34:56:78:AB:DE;
            fixed-address 192.168.1.11;
        }
}
```

其中，group 代表为一组参数实现声明，可以写成：

```
group {
        use-host-decl-names on;
        host 001 {
                hardware ethernet 12:34:56:78:AB:CD;
                fixed-address 192.168.1.10;
        }

        host 002 {
                hardware ethernet 12:34:56:78:AB:DE;
                fixed-address 192.168.1.11;
        }
}
```

（6）建立客户租约文件。

运行 DHCP 服务器还需要一个名为 dhcpd.leases 的文件，内容为：

```
lease 172.16.20.2 {                      //DHCP 服务器分配的 IP 地址
    starts 1 2018/12/02 03:02:26;         // lease 开始租约时间
    ends 1 2018/12/02 09:02:26;           // lease 结束租约时间
    binding state active;
    next binding state free;
    hardware ethernet 00:00:e8:a0:25:86;   //客户机网卡 MAC 地址
    uid "%content%01%content%00%content%00\350\240%\206";    //用来验证客户机的 UID 标识
    client-hostname "cjh1";               //客户机名称
}
```

（7）启动和检查 DHCP 服务器。

启动 DHCP 服务器命令：

```
# systemctl start    dhcpd.service
```

检查 dhcpd 进程命令：

```
#ps -ef | grep dhcpd
```

检查 dhcpd 运行的端口命令：

```
# netstat -nutap | grep dhcpd
```

检验 dhcpd 是否被启动命令（返回结果应该为|-dhcpd）：

```
# pstree|grep dhcpd
```

实训 2：DHCP 客户端配置

一、实训描述

通过实训 1 可以实现使用 DHCP 为网络中的计算机分配 IP 地址。下面要进行 DHCP 的客户端配置。目前公司的计算机有 Linux 和 Windows 两种操作系统，需要分别进行配置。

二、实训步骤

1．Linux 客户端配置

（1）修改网卡的配置文件 ifcfg-eth0，使网卡自动获取 IP 地址，打开 ifcfg-eth0。

```
#vi    /etc/sysconfig/netword=cripts/ifcfg-eth0
```

（2）修改 ifcfg-eth0 文件。

```
DEVICE=eth0
BOOTPROTO=dhcp          //使用 DHCP 的方式自动获得 IP
HWDDR=00:0C:29:93:50
ONBOOT=yes
```

（3）重启。

```
#ifdown    eth0
#ifup    eth0
```

2．Windows 客户端配置

（1）右击桌面上的"网络"图标，在弹出的快捷菜单中选择"属性"选项，如图 10-6 所示。

图 10-6　右击并选择"属性"选项

（2）在打开的"网络和共享中心"窗口中选择"更改适配器设置"命令，如图 10-7 所示。

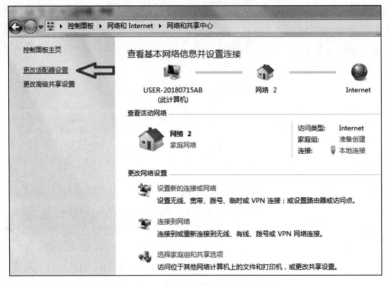

图 10-7　"网络和共享中心"窗口

（3）右击 VMware Network Adapter VMent8 图标，在弹出的快捷菜单中选择"属性"选项，如图 10-8 所示。

图 10-8　右击 VMware Network Adapter VMent8 图标

（4）在弹出的"VMware Network Adapter VNnet8 属性"对话框中选择"Internet 协议版本 4（TCP/IPv4）"，然后单击"属性"按钮，如图 10-9 所示。

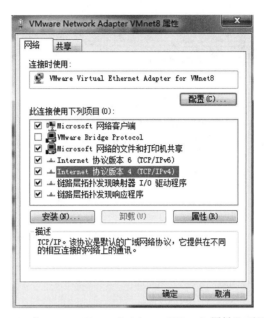

图 10-9　"VMware Network Adapter VNnet8 属性"对话框

（5）在弹出的"Internet 协议版本 4（TCP/IPv4）属性"对话框中选择"自动获得 IP 地址"单选项，然后单击"确定"按钮，如图 10-10 所示。

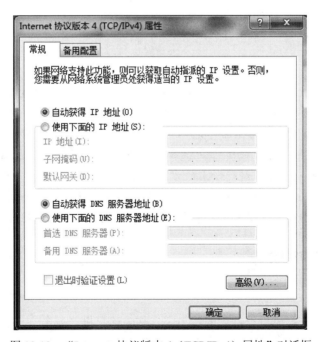

图 10-10　"Internet 协议版本 4（TCP/IPv4）属性"对话框

项目十一

搭建 DNS 服务器

学习目标

- 了解 DNS 相关概念。
- 能够安装、启动和停止 DNS 服务。
- 能够配置 DNS 服务器。
- 能够配置 DNS 客户端。

项目背景

小张向老员工请教："据我所知，源主机只有知道目的主机的 IP 地址才有可能进行通信。但是 Internet 当中的 IP 地址的数量非常大，记住所有要访问的主机的 IP 地址是很困难的，那么如何解决这个问题呢？"老员工回答说："可以给计算机起个'名字'，这就好比是记一个人的名字要比记住他的身份证号码要容易得多，如果名字还遵循一定的规律那就更好记了。Internet 中对主机名有一套进行统一命名的方式，称为'域名'系统。如果要在计算机域名和它的 IP 地址之间建立一定的映射关系，可以搭建 DNS 服务器，让这个映射的解析过程由计算机系统自动完成。"小张恍然大悟："太好了，我要搭建 DNS 服务器，让公司的主机都有名字。"

任务 1 初识 DNS 服务

1. 了解 DNS

在 Internet 中对计算机进行标识的"名字"称为计算机"域名"，负责解析计算机域名的系统称为"域名系统"（Domain Name System，DNS）。它是一种分布式、静态层次型、客户机/服务器模式的数据库管理系统。DNS 服务器负责将主机名连同域名转换为 IP 地址。网络管理员使用主机名和 IP 地址的列表来配置 DNS，允许工作站用户通过主机名而不是 IP 地址来访问提供 DNS 服务的主机。

DNS 的一般格式：

本地主机名·组名·网点名

2. 熟悉 DNS 的查询模式

任何一台主机，要想获得 Internet 的域名服务，必须为自己指定一个域名服务器的 IP 地址。然后，当该主机想解析域名时，就把域名解析的请求发送给该服务器，由该服务器完成解析过程。当域名服务器收到查询请求时，首先检查该名字是否在自己的管理域内，如果在，根据本地数据库中的对应关系将结果发回给源主机。如果查询的内容不在自己的管理域内，一般说来，有以下两种查询模式：

（1）递归查询（Recursive Resolution）。

客户机送出查询后，DNS 必须告诉客户机正确的数据或通知其没找到；DNS 自动逐级完成名字解析；客户机只需接触一次 DNS 服务器。如图 11-1 所示是递归方式。局部 DNS 服务器自己负责向其他 DNS 服务器进行查询，一般是先向该域名的根域服务器查询，再由根域名服务器一级级向下查询。最后得到的查询结果返回给局部 DNS 服务器，再由局部 DNS 服务器返回给客户端。

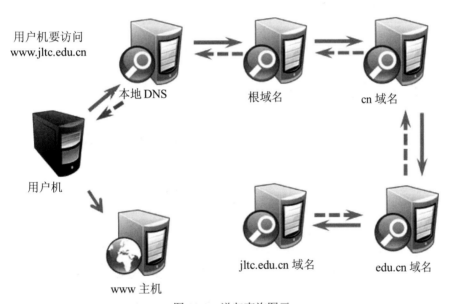

图 11-1　递归查询图示

（2）迭代查询（Interactive Resolution）。

该域名服务器不能提供解析的最终结果，它产生的回答指明了客户机应当联系的另外一台域名服务器的地址。一般另外的服务器就是该域的上级域名服务器地址（当然也可以是其他的服务器），这需要由管理员在该服务器中通过配置完成。

如图 11-2 所示，局部 DNS 服务器不是自己向其他 DNS 服务器进行查询，而是把能解析该域名的其他 DNS 服务器的 IP 地址返回给客户端 DNS 程序，客户端 DNS 程序再继续向这些 DNS 服务器进行查询，直到得到查询结果为止。

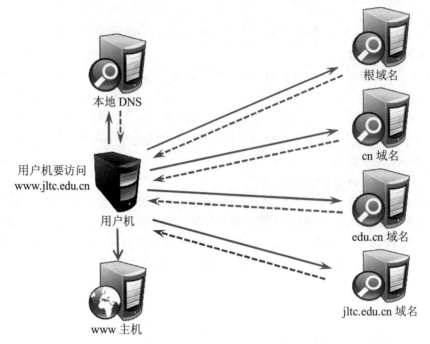

图 11-2 迭代查询图示

任务 2 分析 DNS 域名空间结构

sina 的域名就是 www.sina.com.cn/。这里 cn 表示的是"中国内地地区"，com 表示的是商业机构，sina 是新浪自己注册的域名，www 则是这个域当中的一台主机，如图 11-3 所示。

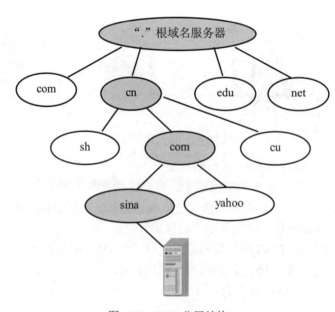

图 11-3 DNS 分层结构

分析过程：由于 Internet 中主机数量巨大，全世界采用一台域名服务器进行解析是不现实的。因此，在 DNS 中，域名空间结构采用分层结构，包括根域、顶级域、二级域和主机名。域名空间的层次结构类似一棵倒置的树，在域名层次结构中，每一层称为一个域，每个域用一个点号"."分开。

1. 结构分析

（1）根域。根（root）域就是"."，它是由 Inetnet 名字注册授权机构管理，该机构把域名空间各部分的管理责任分配给连接到 Internet 的各个组织。

（2）顶级域。DNS 根域的下一级就是顶级域，是由 Inetnet 名字授权机构管理。共有以下 3 种类型的顶级域：

● 组织域：采用 3 个字符的代号，表示 DNS 域中包含的组织的主要功能与活动，如表 11-1 所示。

表 11-1　普通顶级域

域名	含义
gov	政府部门
com	商业部门
edu	教育部门
org	民间团体组织
net	网络服务机构
mil	军事部门

● 国家或地区域：采用两个字符的国家或地区代号，如表 11-2 所示。

表 11-2　常见国家（地区）代码顶级域

域名	含义
cn	中国
jp	日本
uk	英国
au	澳大利亚
hk	中国香港

● 反向域：这是一个特殊域，名称为 in-addr.arpa，用于将 IP 地址映射到名称。

（3）二级域。二级域注册到个人、组织或公司的名称。这些名称基于相应的顶级域，二级域下可以包括主机和子域。

（4）主机名。主机名在域名空间结构的最底层，主机名和前面讲的域名结合构成 FQDN（完全合格的域名），主机名是 FQDN 的最左端。

2. 解析 www.sina.com.cn/域名

（1）"."表示"根域"，负责解析顶级域名 com、cn、edu、net 等，在实际应用中由于根域是唯一的，所以可以不指定，如在浏览器中输入 www.sina.com.cn 也是可以的。

（2）cn 是顶级域名，负责解析在它之下的二级域名，例如 com 等。

（3）com 是第二层域名，负责解析在它之下的子域名，例如 sina 等。

（4）sina 是最底层的域名，负责解析具体主机名与 IP 地址的对应关系，例如 www。

任务3　解析 DNS 域名 www.sina.com

客户机要访问 www.sina.com 站点，图 11-4 所示是域名解析过程示意图。

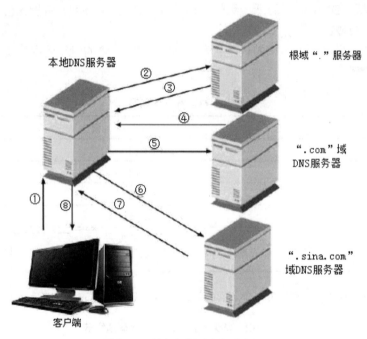

图 11-4　域名解析过程示意图

1．分析

DNS 基于客户机/服务器模式，当 DNS 客户机使用某个域名时，就向 DNS 服务器发出一个服务请求，服务器对客户机的请求进行解析，并将解析结果返回给客户机。这样就完成了一次域名的解析过程。

以上解析过程是一个最简单的模式，由于 Internet 中的主机数量很多，并且还在不断地增加，因此构成的 DNS 域名这棵"树"被以分布式数据库的形式保存在世界各地不同的 DNS 服务器中。在进行域名解析时，其解析过程可能需要查询多个 DNS 服务器。其中"树根"保存在一个指定的 DNS 服务器中，然后由该服务器指向下级域名服务器，而下级域名服务器又可指向更下层的域名服务器。这样，只要根域 DNS 服务器能唯一确定，就可以方便地查找下级域名。

DNS 解析过程如下：

（1）客户机提出域名解析请求，并将该请求发送给本地的域名服务器。

（2）本地的域名服务器收到请求后，先查询本地的缓存，如果有该记录，则本地的域名服务器就直接把查询的结果返回。

（3）如果本地的缓存中没有该记录，则本地域名服务器把请求发给根域名服务器，根域名服务器返回给本地域名服务器一个所查询域（根的子域）的主域名服务器的地址。

（4）本地服务器向上一步返回的域名服务器发送请求，接受请求的服务器查询自己的缓存，如果没有该记录，则返回相关的下级域名服务器的地址。

（5）重复步骤（4），直到找到正确的记录。

（6）本地域名服务器将结果返回给客户机，同时把返回的结果保存到缓存，以备下次使用。

2. 解析步骤

（1）客户机向本地 DNS 服务器发出请求解析域名 www.sina.com.cn 的报文。

（2）本地的 DNS 服务器收到请求后，查询本地缓存，假设没有该记录，则本地 DNS 服务器向根域名服务器发出解析域名 www.sina.com.cn 的请求。

（3）根域名服务器收到请求后查询根服务器记录，得到 cn 域的 DNS 服务器地址并把结果返回给本地 DNS 服务器。

（4）本地 DNS 服务器收到回应后，接着向 cn 域的 DNS 服务器发出请求解析域名 www.sina.com.cn 的报文。

（5）cn 域的 DNS 服务器收到请求后查询自身服务器记录，得到 com.cn 域的 DNS 服务器地址并把结果返回给本地服务器。

（6）依此类推，本地 DNS 服务器从 sina.com.cn 域名服务器得到 www.sina.com.cn 的 IP 地址。

（7）本地 DNS 服务器将返回的结果保存到本地缓存，同时将结果返回给客户机。这样就完成了一次域名解析过程。

注意：本例中本地 DNS 服务器进行的是递归查询，而其他 DNS 服务器进行的是迭代查询。

任务 4   使用/etc/hosts 文件管理域名

在早期的系统中，域名的管理没有采用逐级委托机制，而是使用/etc/hosts 文件实现 IP 地址与主机名之间的解析。

- TCP/IP 网络中的每台计算机都必须有唯一的 IP 地址。
- hosts 文件允许将主机名与 IP 地址联系起来，以便用户使用名字来访问计算机。
- hosts 文件的每一行定义一台机器的解析信息。其行的结构如下：

IP 地址   主机名   别名   #注释

任务 5   安装 DNS 服务

1. 认识 BIND

Linux 下的域名服务器软件包是 BIND。BIND（Berkeley Internet Name Domain）是美国加利福尼亚大学伯克利分校开发的一个域名服务器软件包。BIND 原本是美国 DARPA 资助伯克利大学开设的一个研究生课题，后来经过多年的变化发展，已经成为世界上使用最为广泛的 DNS 服务器软件，目前 Internet 上半数以上的 DNS 服务器都是用 BIND 架设的。

2. Chroot 软件包

Chroot（Change Root）用来改变程序执行时的根目录位置。早期的很多系统程序在默认情况下所执行的根目录都是"/"。黑客或者其他的非法入侵者很容易通过绝对路径/etc/passwd窃取系统机密。有了 Chroot 后，BIND 的根目录就被改变到了/var/named/chroot，这样黑客即使突破了 BIND 账号，也只能访问到/var/named/chroot 文件，把对系统攻击的危害降低到了最小。为了让 DNS 运行更加安全，就需要安装 Chroot。

3. 安装 BIND 软件包

默认安装的 Linux 系统中是不包含 DNS 服务的。因此，必须首先安装 BIND 软件包。BIND系统包含的软件包主要有以下几个：

- Bind：提供域名服务的主要程序及相关文件。
- Bind-utils：提供对 DNS 服务器的测试工具程序，如 nslookup、dig 等。
- Bind-chroot，为 BIND 提供一个伪装的根目录以增强安全性。
- Bind-libs：BIND 服务器端和客户端都使用到的公共库文件。

【操作】

（1）看系统是否已经安装 BIND 服务，命令如下：

`[root@localhost ~]# rpm   -qa   bind`

如果系统中已经安装 BIND 服务，则运行结果如图 11-5 所示；如系统中未安装 BIND 服务，那么执行以上命令将没有任何信息显示。

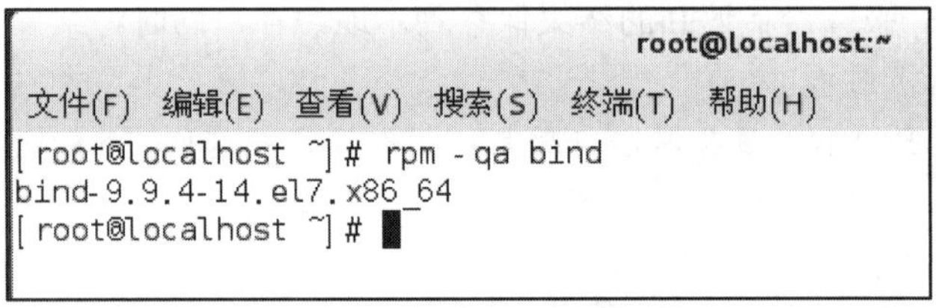

图 11-5　系统中已经安装了 BIND 服务

（2）如果系统未安装 BIND 服务，应先进行安装，命令如下：

`[root@localhost ~]# yum install bind`

安装效果如图 11-6 所示。

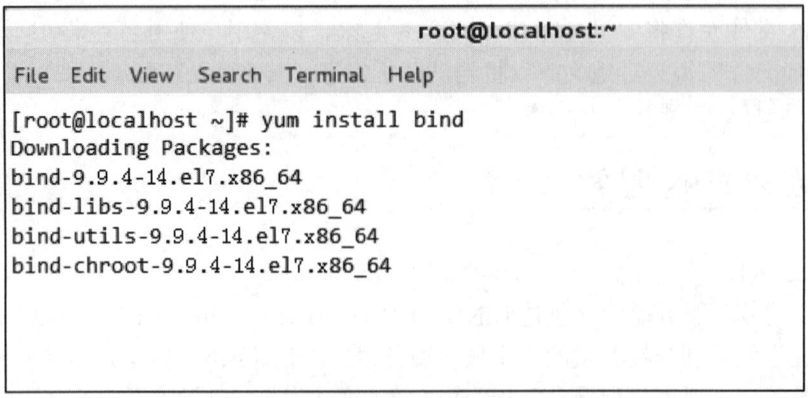

图 11-6　系统中安装 BIND 服务效果

任务 6　启动和停止 DNS 服务

【操作】

（1）启动 BIND 服务。

[root@localhost ~]# systemctl start　named.service

（2）重新启动 BIND 服务。

[root@localhost ~]# systemctl restart　named.service

（3）停止 BIND 服务。

[root@localhost ~]# systemctl stop　named.service

（4）查看 BIND 服务。

[root@localhost ~]# systemctl status　named.service

任务 7　编辑 BIND 配置文件

1. 编辑全局配置文件

Linux 下的 DNS 功能是通过 BIND 软件实现的。BIND 软件安装后，会产生几个固有文件。可以将这些文件分为两类：一类是配置文件，在/etc 目录下；另一类是 DNS 记录文件，在/var/named 目录下。位于/etc 目录下的有 hosts、hosts.conf、resolv.conf、named.conf。

（1）hosts 文件。定义了主机名和 IP 地址的对应，其中也有将要运行 DNS 这台计算机的 IP 地址和主机名。文件内容如下：

- 127.0.0.1 localhost.localdomain localhost
- 192.168.1.1 ns.benet.com benet

（2）host.conf 文件。order hosts bind 语句指定了对主机名的解析顺序是先到 hosts 中查找，然后到 DNS 服务器的记录里查找。multi on 则是允许一个主机名对应多个 IP 地址。文件内容如下：

- order hosts, bind
- multi on
- nospoof on

（3）resolv.conf 文件。nameserver 192.168.1.1 指定了 DNS 服务器的地址。注意，这个文件对普通非 DNS 服务器的计算机（非 Windows 系统，Windows 系统是在"网络属性"中设置这项的）来说，是必不可少的。如果你没有设置本机为 DNS 服务器，又要能够解析域名，就必须指定一个 DNS 服务器的地址。最多可以写上 3 个地址，作为前一个失败时的候选 DNS 服务器。domain benet.com 指定默认的域。文件内容如下：

- domain benet.com
- nameserver 192.168.1.1

2. 编辑主配置文件

DNS 服务器程序的主配置文件位于/etc/目录中，名为 named.conf。该文件指定了 DNS 服务器的角色（主 DNS 服务器、辅助 DNS 服务器、缓存服务器），还指定获取每个区的数据副本。该文件只包括 BIND 的基本配置，并不包含任何 DNS 区域数据。

【操作】

输入命令查看 named.conf 文件的内容：

```
[root@localhost ~]# vim /etc/named.conf
```

根据需要修改 named.conf 内容如下：

```
//
// named.conf
//
// Provided by RedHat bind package to configure the ISC BIND named(8) DNS
// server as a caching only nameserver (as a localhost DNS resolver only).
//
// See /usr/share/doc/bind*/sample/ for example named configuration files.
//

options {
        listen-on port 53 { 127.0.0.1; };
        listen-on-v6 port 53 { ::1; };
        directory       "/var/named";
        dump-file       "/var/named/data/cache_dump.db";
        statistics-file "/var/named/data/named_stats.txt";
        memstatistics-file "/var/named/data/named_mem_stats.txt";
        allow-query     { localhost; };

        /*
          - If you are building an AUTHORITATIVE DNS server, do NOT enable recursion.
          - If you are building a RECURSIVE (caching) DNS server, you need to enable
            recursion.
          - If your recursive DNS server has a public IP address, you MUST enable access
            control to limit queries to your legitimate users. Failing to do so will
            cause your server to become part of large scale DNS amplification
            attacks. Implementing BCP38 within your network would greatly
            reduce such attack surface
        */
        recursion yes;

        dnssec-enable yes;
        dnssec-validation yes;
        dnssec-lookaside auto;

        /* Path to ISC DLV key */
        bindkeys-file "/etc/named.iscdlv.key";

        managed-keys-directory "/var/named/dynamic";
```

项目 十一

```
            pid-file "/run/named/named.pid";
            session-keyfile "/run/named/session.key";
    };

    logging {
            channel default_debug {
                    file "data/named.run";
                    severity dynamic;
            };
    };

    zone "." IN {
            type hint;
            file "named.ca"
    };
    include "/etc/named.rfc1912.zones";
    include "/etc/named.root.key";
```

主配置文件主要可分为两部分：options（全局声明）和 zone（区域声明）。

- options：options 语句在每个配置文件中只有一处。如果出现多个 options，则第一个 options 的配置有效，并会产生一个警告信息。
- zone：zone 语句的作用是定义 DNS 区域，在此语句中可定义 DNS 区域选项。

主配置文件的作用是建立区域，配置服务器的全局选项。文件内容由配置语句构成，结构如下：

```
配置语句 1
配置语句 2
…
```

文件格式说明：

（1）注释说明语句有以下 3 种格式：

- /*   */
- //
- #

（2）每个配置语句以 ";" 结尾。

（3）语句内各关键字或数据之间用空格分隔，并用大括号进行分组。

（4）每个语句以一个关键字开始，常用的语句如表 11-3 所示。

表 11-3　named.conf 常用语句

语句	含义
acl	定义 IP 地址的访问控制清单
controls	定义 rndc 使用的控制通道
include	把其他文件包含到配置文件中
key	定义授权的安全秘钥

语句	含义
logging	定义日志内容和位置
options	定义全局配置选项和默认值
server	定义远程服务器的特征
zone	定义一个区

1) acl 语句.

作用: 用于定义地址匹配列表。

格式:

```
acl    acl-name{
        address match 1 ist
}
```

说明:

● any: 匹配任何主机。

● none: 不匹配任何主机。

● localhost: 匹配系统上所有网卡的 IPv4 和 IPv6 地址。

● localnets: 匹配任何与系统有接口的主机的 IPv4 和 IPv6 地址。

2) key 语句。

作用: 定义了用于服务器身份验证的加密秘钥。

格式:

```
key key-id {
        algorithm string;
        secret string;
};
```

3) controls 语句。

作用: 规定了 rndc 如何控制一个正在运行的 named 进程,rndc 可以启动和停止 named,转储其状态或将其转入调试模式。

格式:

```
controls {
        inet ip_addr allow {address_match_list } keys {key_list};
};
```

4) options 语句。

作用: 定义 DNS 服务器的全局选项。

格式:

```
options {
        …;
        全局选项;
        …;
};
```

【操作】

全局选项：

directory　　"路径名";

定义区域服务器区域文件的存放目录，即与下面的 zone 设定项目的 file 配合而成完整文件名。

recursion　　yes/no;

是否使用递归查询方式，默认为 yes。

transfer-format　　one-answer/many-answer;

是否允许一条消息中放入多条应答信息，默认值为 one-answer。

forwarders　　{IP 地址;...};

定义转发器。将 DNS 服务器收到的查询请求转发到其他的域名服务器上，通常是远程域名服务器的 IP 地址，之间用 ";" 隔开。

allow-query {IP 地址;/网络号;/any;};

定义允许向服务器发送查询请求的客户机地址。

allow-transfer {IP 地址;/网络号;/any;};

定义允许从主服务器中更新从服务器，内容设定为 IP 地址等。除非你有 slave DNS 服务器，否则这里不要开放。

listen-on　[port　端口号]　{IP 地址;};

定义 DNS 服务绑定的端口和地址。

5）zone 语句。

作用：定义管理区域。

格式：

```
zone　"域名"　IN　{
    ...;
    区域设置选项;
    ...;
};
```

【操作】

zone 语句中区域设置选项：

type　　master/hint/slave;

type 用于定义区域的类型，有以下 4 种类型：

● master：表示本服务器为主 DNS 服务器。

● hint：根域名服务器。

● slave：表示本服务器为从 DNS 服务器（和下面的 master 配合使用）。

● forward：将任何解析请求转发给其他的 DNS 服务器。

file　"文件名";

说明一个区域的区域文件名称。

allow-update {none;/key　秘钥名称;};

说明区域是否允许动态更新。

allow-transfer

定义允许进行区域复制的从 DNS 服务器地址列表,保证只能向信任的从 DNS 服务器开放区域复制功能。如果没有设置从 DNS 服务器，可以使用 none 选项，即：

```
allow-transfer { none; };
masters    {IP 地址;};
```

定义主服务器的地址。

6）include 语句。

作用：用于加载根区域。当 DNS 服务器处理递归查询时，如果本地区域文件不能对查询进行解析，就会转到根 DNS 服务器进行查询，所以在主配置文件 named.conf 中需要指定根区域。

格式：

```
include "..."
```

3. 编辑区域文件和资源记录

一个区域内的所有数据（包括主机名、对应 IP 地址、辅助服务器与主服务器刷新间隔和过期时间等）必须存放在 DNS 服务器内，而用来存放这些数据的文件就称为区域文件。该文件可由系统管理员进行维护，如进行添加或删除解析信息等操作。在区域文件中包含两种类型的项：分析器命令和资源记录。只有资源记录才是真正的数据解析部分。

DNS 提供全球分布式的数据库，提供从域名到 IP 地址的映射关系。和一般关系数据库中表对应的是 DNS 的区，区中存储着具有相同父域的一组域名的信息。域名的信息，就是和某个域名对应的信息，用得最多的信息是 IP 地址。信息的映射称为资源记录，一个记录对应于关系数据库中的一行。资源记录格式：

```
<记录名称>  <生存周期>    <类别>  <类型>    <值>
```

● 记录名称。

根据记录类型的不同可以是以下值：IP 地址、区域名、FQDN（完全合格域名）、@、空格等。

● 生存周期。

设置记录被解析后在缓存中保存的最长时间长度。

● 类别。

一般为 IN，代表 Internet，表示数据类别。也存在其他的数据类别，但目前都没有被广泛应用。

● 记录类型。

用于决定记录的格式及记录的取值（"值"的意义与类型有关），具体可以分为以下几种类型：

（1）SOA 资源记录。SOA（Start of Authority）是起始授权记录，表示它后面跟的配置内容是全局有效的。格式如下：

```
区域名  网络类型    SOA    主 DNS 服务器  管理员邮件地址 (
序列号  刷新间隔  重试间隔    过期间隔    TTL)
```

SOA 记录的字段说明如下：

① 区域名：可以使用"@"表示当前域。

② 网络类型：通常为 IN，表示网络的地址类型是 TCP/IP。

③ 主 DNS 服务器：区的主 DNS 服务器的全名。

④ 管理员邮件地址：管理区域的负责人的电子邮件。在该电子邮件名称中使用"."代替

邮件中的 "@"。

⑤ 序列号：本区配置数据的序列号，用于从服务器判断何时获取最新的区数据。

⑥ 刷新间隔：设置辅助域名服务器多长时间更新数据库。

⑦ 重试间隔：设置若辅助域名服务器更新数据失败，多长时间再试。

⑧ 过期间隔：设置若辅助域名服务器无法从主服务器上更新数据，原有的数据何时失效。

⑨ TTL：区域的默认生存时间（TTL）和缓冲应答名称查询的最大间隔。

（2）NS 资源记录。NS 资源记录用于标识一个区域的权威服务器（包括主服务器和从服务器），并将子域授权赋予其他服务器，格式如下：

区名　IN　NS　完整主机名

NS 为标识区域的域名服务器以及授权子域，其余的字段与 SOA 记录类似。

（3）A 资源记录。A 资源记录是 DNS 数据库的核心，它提供了主机名到 IP 地址的映射，格式如下：

域名　　IN　A　IP 地址

其中的 "域名" 可使用全名，也可使用相对名。

（4）CNAME 资源记录。CNAME 资源记录用于设置主机的别名，格式如下：

别名　　IN　CNAME　域名

（5）PTR 记录。PTR 记录保存从 IP 地址到域名的反向映射，格式如下：

IP 地址　IN　PTR　域名

（6）MX 记录。MX 记录用来记录邮件交换记录，格式如下：

名称　IN　MX　优先级　域名

任务 8　配置 DNS 服务器

1. 配置缓存 DNS 服务器

缓存（Cache-only）服务器是很特殊的 DNS 服务器，它本身并不管理任何区域，但是 DNS 客户端仍然可以向它请求查询。Cache-only 服务器类似于代理服务器，它没有自己的域名数据库，而是将所有查询转发到其他 DNS 服务器处理。当 Cache-only 服务器收到查询结果后除了返回给客户机外，还会将结果保存在缓存中。当下一个 DNS 客户端再查询相同的域名数据时，就可以从高速缓存里查出答案，加快 DNS 客户端的查询速度。

【操作】

修改主配置文件/var/named/chroot/etc/named.conf 的具体代码如下：

```
options {
    directory "/var/named";
    dump-file "/var/named/data/cache_dump.db";
    statistics-file /var/named/data/named_stats.txt";
    forward only;
    forwarders { 192.168.0.20;61.139.2.69;};
};
```

● forward only：设置本 DNS 服务器只作转发。

● forwarders：定义将客户机的查询转发到哪些 DNS 服务器，可以为多个 IP 地址。

2. 配置主 DNS 服务器

【操作】

（1）全局配置。

```
options {
    directory "/var/named";
    //相对目录：/var/named/chroot/var/named/
    dump-file "/var/named/data/cache_dump.db";
    statistics-file "/var/named/data/named_stats.txt";
};
```

说明：

- directory：指定 zone file 的存放位置。
- dump-file：定义服务器存放数据库的路径。
- statistics-file：设置服务器统计信息文件的路径。
- forward：设置转发方式。
- forwarders：指定其上级域名服务器。
- allow-query：指定允许向其提交请求的客户。
- allow-transfer：指定允许复制 zone 数据的主机。
- allow-recursion：递归查询。

（2）设置根区域。

```
zone "." IN {
    type hint;
    file "named.ca;
};
```

- zone：此关键字用来定义域区，一个 zone 关键字定义一个域区。
- type hint：在这里 type 类型有 3 种 master、slave 和 hint，含义如下：
  - master：表示定义的是主域名服务器。
  - slave：表示定义的是辅助域名服务器。
  - hint：表示是互联网中的根域名服务器。
- file：设置根服务列表文件名。
- named.ca：是一个非常重要的文件，该文件包含了 Internet 的根服务器名字和地址。

（3）设置正向解析主区域。

保存DNS服务器某个区域（如example.com）的数据信息。

```
zone "example.com" {
    Type master;
    file "example.com.zone";
    allow-transfer { 192.168.0.1; };
    allow-query { 192.168.0.2;192.168.0.3; };
};
```

- type：设置域名服务器的类型为主域名服务器。
- file：设置主区域文件的名称。
- allow-transfer：设置从域名服务器的地址。

（4）设置反向解析主区域。

在大部分的 DNS 查询中，DNS 客户端一般执行正向查找，即根据计算机的 DNS 域名查询对应的 IP 地址。但在某些特殊的应用场合中（如判断 IP 地址所对应的域名是否合法），也会使用到通过 IP 地址查询对应 DNS 域名的情况（也称为反向查找）。

```
zone "0.168.192.in-addr.arpa"{
    type master;
    file "192.168.0.zone";
    allow-transfer { 192.168.0.20; };
};
```

注意：在 DNS 标准中定义了固定格式的反向解析区域：反顺序网络地址.in-addr.arpa，上例中，域所在的子网为 192.168.0.0/24，故完整的反向解析域名为 0.168.192.in-addr.arpa。

3. 配置辅助 DNS 服务器

辅助 DNS 服务器配置比较简单，只需要修改配置文件 named.conf 即可。它可以向客户机提供域名解析功能。它的数据不是直接输入的，而是从主要名称服务器或其他的辅助名称服务器中复制过来的，只是一份副本，所以辅助名称服务器中的数据无法被修改。在一个区域中设置多台辅助名称服务器具有以下优点：

● 提供容错能力。当主要名称服务器发生故障时，由辅助名称服务器提供服务。

● 分担主要名称服务器的负担。在 DNS 客户端较多的情况下，通过架设辅助名称服务器完成对客户端的查询服务，可以有效地减轻主要名称服务器的负担。

● 加快查询的速度。例如，一个公司在远地有一个与总公司网络相连的分公司网络，这时可以在该处设置一台辅助名称服务器，让该分公司的 DNS 客户端直接向此辅助名称服务器进行查询，而不需要通过速度较慢的广域网向总公司的 DNS 服务器查询，减少用于 DNS 查询的外网通信量。

【操作】

辅助名称服务器的主配置文件是/etc/named.conf，也需要设置服务器的选项和根区域，方法与配置主要名称服务器的方法相同。/etc/named.conf 内容如下：

```
options {
    directory    "/var/named";
};
logging {
    channel default_debug {
        file "data/named.run";
        severity dynamic;
    };
};
zone"." IN {
    type hint;
    file "named.ca";
};
include "/etc/named.rfc1912.zones".
//include "/etc/named.root.key";
```

named.rfc1912.zones 文件中添加如下：

```
zone "funame.com" {
    type slave;
    file "slaves/funame.com.zone";
    masters { 192.168.0.1; };
};
```

- type：设置辅助名称服务器的类型。
- file：设置同步后的 zone 文件存放位置。
- masters：指定主名称服务器的地址。

masters { 192.168.0.20; } 为 DNS 服务器的地址。DNS 服务启动时，就会自动连接 192.168.0.20，将 example.com 域的信息存入到本机的 funame.com.zone 文件里。

4. 直接域名解析

DNS 服务器默认只能解析完全规范域名 FQDN，不能直接将域名解析成 IP 地址。为了方便用户访问，可以在 DNS 服务器的区域文件中加入下面一条特殊的 A 资源记录，以便支持实现直接解析域名功能。

【操作】

```
example.com.    IN    A   192.168.0.20
```

或

```
@    IN    A   192.168.0.20
```

5. 泛域名解析

泛域名是指一个域名下的所有主机和子域名都被解析到同一个 IP 地址上。可以在 DNS 服务器的区域文件末尾加入下面一条特殊的 A 资源记录（符号"*"是代表任何字符的通配符），以便支持实现泛域名解析功能。

【操作】

```
*.example.com. IN    A    192.168.0.20
```

或

```
*    IN    A    192.168.0.20
```

任务 9　配置 DNS 客户端

1. 配置 Linux 下的 DNS 客户端

Linux 设置客户端的 DNS 服务器主要为三个文件：/etc/hosts、etc/host.conf 和/etc/resolv.conf。

- hosts：主要记录 hostname 对应的 IP 地址。
- host.conf：主要是指定域名解析顺序（规定是从本地的 hosts 文件解析还是从 DNS 解析）。
- resolv.conf：是解析所有域名 IP 的配置文件。

【操作】

（1）/etc/resolv.conf 客户端配置，指定 DNS 服务器。

```
# cat /etc/resolv.conf
domain xinhua.com        //为系统指定默认的域名
search   xinhua.com      //指定默认的搜索路径（www=www.xinhua.com）
```

```
nameserver 192.168.148.1          //指定域名服务器 IP 地址
nameserver 210.32.32.1
ping www = ping www.xinhua.com
```

（2）/etc/hosts。主要用于局域网，对有些经常访问的机器，比如服务器，做这样的映射使得访问时比较方便。

```
127.0.0.1    localhost.localdomain  localhost 192.168.0.1  abc.xinhua.com  abc
192.168.0.2      xyz.xinhua.com  xyz
ping abc.xinhua.com=ping abc
```

（3）/etc/host.conf。决定服务器以哪种顺序来查询名字。

```
order   hosts,bind
```

2．配置 Windows 下的 DNS 客户端

【操作】

Windows 下的 DNS 客户端配置如图 11-7 所示。

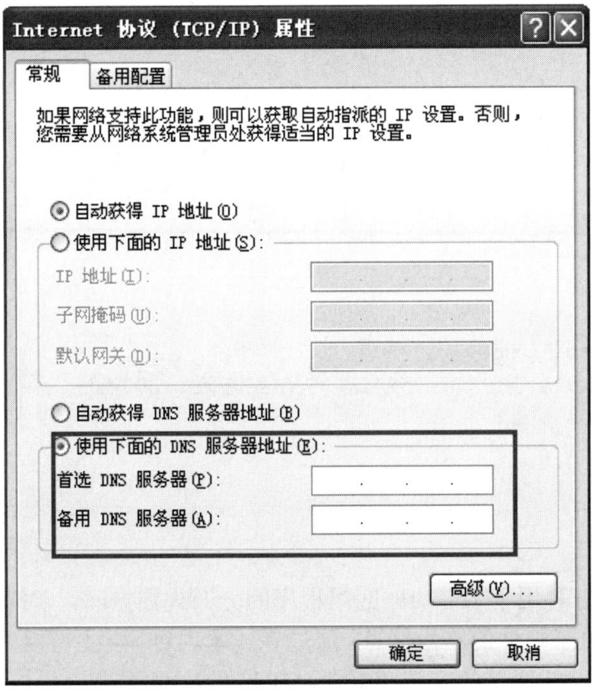

图 11-7　DNS 客户端配置对话框

任务 10　测试 DNS

bind-utils 软件包中自带了 dig、host 和 nslookup 等测试工具。如果能使用这几个工具对地址进行正确解析，则说明 DNS 服务器已经正常工作。

1．使用 nslookup 命令进入交互模式

直接使用 nslookup 命令可以进入交互模式。输入需要解释的域名将显示对应的 IP 地址，输入 IP 地址则可以显示对应的域名。

【操作】

```
#   nslookup
> 192.168.120.100                          //对 192.168.120.100 地址进行解析
Server:        192.168.120.100             //显示当前 DNS 服务器地址信息
Address:       192.168.120.100#53
```

2. 使用 host 命令对域名或 IP 地址进行解析

使用 host 命令也可以对域名或 IP 地址进行解析。如果 DNS 服务器工作正常，则将返回相应的解析结果。

【操作】

```
#   host   www.my.internal.zone                      //对此域名进行解析
www.my.internal.zone   has   address 192.168.255.3    //正向解析结果
#   host   192.168.255.3
3.255.168.192.in-addr.arpa  domain  name  pointer  www.my.internal.zone.  //反向解析结果
```

3. 使用 dig 命令显示配置信息

dig 命令不仅显示解析结果，而且显示与所查询域名相关的 DNS 服务器的配置信息。

【操作】

```
#   dig   rhel.my.internal.zone
...
```

4. ping 命令

直接使用 ping 命令测试某一域名，如果 DNS 服务器正常工作，将自动对其进行解析并返回测试结果。

【操作】

```
#   ping   sans.my.internal.zone
ping  san.my.internal.zone  (192.168.255.128)  56(84)  bytes  of  data.
…
```

项目总结

DNS 域名系统是一种用于 TCP/IP 应用程序的分布式数据库，它提供了主机名与 IP 地址之间的转换以及有关电子邮件的路由信息。通过完成本项目，学生可以掌握 DNS 的基本原理、DNS 域名解析过程、DNS 服务的安装和配置、DNS 的检测方法。

思考与练习

一、选择题

1. DNS 提供了一个（　　　）命名方案。

    A. 分级　　　　　　B. 分层　　　　　　C. 多级　　　　　　D. 多层

2. DNS 域名系统主要负责主机名和（　　）之间的解析。

    A. IP 地址　　　　B. MAC 地址　　　C. 网络地址　　　　D. 主机别名

3．在解析域名 www.ebuy.com 的时候，解析的先后顺序是（　　）。

    A．com-www-ebuy   B．www-ebuy-com

    C．com-ebuy-www   D．ebuy-www-com

4．检查 DNS 服务器的配置文件的命令是（　　）。

    A．named-checkconf   B．named-checkzone

    C．nslookup   D．dig

5．常见的 DNS 域名服务器包括（　　）。

    A．主域名服务器   B．配置辅域名服务器

    C．根域名服务器   D．全局转发器

6．下列文件中，包含了主机名到 IP 地址的映射关系的文件是（　　）。

    A．/etc/HOSTNAME   B．/etc/hosts

    C．/etc/resolv.conf   D．/etc/networks

7．在 DNS 系统测试时，设 named 进程号是 63，命令（　　）是通知进程重读配置文件。

    A．kill -USR2 63   B．kill -USR1 63

    C．kill -INT 63   D．kill -HUP 63

二、填空题

1．Internet 中的域名系统是用来＿＿＿＿＿＿＿＿＿＿＿＿的系统。

2．域名系统的解析方式有＿＿＿＿＿＿和＿＿＿＿＿＿。

3．test.bns.com.cn 的域名是＿＿＿＿＿＿，如果要配置一域名服务器，应在＿＿＿＿＿＿文件中定义 DNS 数据库的工作目录。

4．DNS 服务器的进程命名为 named，当其启动时，自动装载 /etc 目录下的＿＿＿＿＿＿文件文件中定义的 DNS 分区数据库文件。

5．在 Linux 系统中，测试 DNS 服务器是否能够正确解析域名使用命令＿＿＿＿＿＿。

三、简答题

1．请描述对域名 www.ContOS.otg 的解析过程。

2．DNS 配置文件中的 SOA 记录的作用是什么？

技能实训

实训：架设 DNS 服务器

一、实训描述

1．安装 BIND 9 软件包。

2．配置 named.conf。

3．启动服务器。

4．诊断 DNS 服务器。

二、实训步骤

（1）安装 BIND 9 软件包。

```
rpm -xzvf bind-9.9.4-14.el7.x86_64.rpm
```

（2）配置服务器，修改配置文件 named.conf，该文件不会自动创建，用户需要通过命令手工生成。

```
k ey    "rndc-key"
        algorithm   hmac-md5;
        secret      "VsUrpWHQto0naXCMA/fuLQ= =";
};
controls{
        inet   127.0.0.1   port   953
        allow{ 127.0.0.1;} keys {"rndc-key";};
};
```

打开 named.conf 文件。

```
# vi /etc/named.conf        #打开 named.conf 文件
```

编辑内容如下：

```
options {
    listen-on port 53 { any; };
    dnssec-enable no;
    dnssec-validation no;
    dnssec-lookaside auto;
    allow-query { any; };
    allow-transfer { 192.168.9.11; 192.168.9.12; };        #设置辅助 DNS 的地址
    forwarders {202.102.224.68; 202.102.227.68; };        #配置 DNS 转发器
};
```

定义域 test.local 的正向解析区域：

```
zone "test.local" IN {
type master;
file "test.zone";
};
```

定义域 test.local 的反向解析区域：

```
zone "0.0.10.in-addr.arpa" IN {
    type master;
    file "10.0.0.zone";
};
```

创建 zone 文件：

```
#cd /var/named/
#vi bigcloud.zone
$TTL 6H            //设置客户端 DNS 缓存的有效期，H 表示小时，D 表示天，W 表示星期
@    IN SOA zz1.test.local. rname.invalid. (
     0 ; serial        //用于标记地址数据库的变化，值为 10 以内的整数
     1D ; refresh       //从域名服务器更新地址数据库文件的时间间隔
```

```
        1H ; retry                          //从域名服务器更新地址数据库失败后等待再次尝试的时间
        1W ; expire                         //超过该时间仍无法更新地址数据库,则不再尝试
        3H ) ; minimum                      //设置无效地址解析目录的默认缓存时间
            NS    zz1.test.local.           //指定该域中的服务器名称
//以下部分是把主机记录和 IP 地址对应起来
www         A    192.168.9.11
zz1      A    192.168.9.11
zz2      A    192.168.9.12
ftp         A    192.168.9.11
mailsrv1    A    192.168.9.22
crm         A 192.168.9.11
smtp        CNAME mailz1.test.local.
pop3        CNAME mailz1.test.local.
```

反向 zone 文件:

```
# vi192.168.9.zone
$TTL 3H       //客户端 DNS 缓存数据的有效期
@    IN    SOA   zz1.test.local. tom_chen.126.com (    //SOA 的域名
     0 ; serial
     1D ; refresh
     1H ; retry
     1W ; expire
     3H) ; minimum
IN    NS    zz1.test.local.             //DNS 服务器资源记录
IN    NS    zz2.test.local.
11    IN    PTR    zz1.test.local.      //zz1.test.local 反向记录
11    IN    PTR    ftp.test.local.
12    IN    PTR    zz2.test.local.
12    IN    PTR    mailz1.test.local.
```

(3)启动服务。

```
#systemctlstart named.service
```

设置为自动启动。

```
# systemctlenable named
```

(4)诊断 DNS 服务器。

```
# nslookup
> server192.168.9.11
Default server: 192.168.9.11
Address: 192.168.9.11#53
>www.test.local.
Server: 192.168.9.11
Address: 192.168.9.11#53
Name: www.test.local
Address: 192.168.9.11
>smtp.test.local.
Server: 192.168.9.11
```

Address: 192.168.9.11#53

smtp.test.local canonical name = mailz1.test.local.

Name: mailz1.test.local

Address: 192.168.9.22

>192.168.9.11

Server: 192.168.9.11

Address: 192.168.9.11#53

11.9.168.192.in-addr.arpa name = ftp.test.local.

11.9.168.192.in-addr.arpa name = zz1.test.local.

> exit

项目十二

搭建 Apache 服务器

 学习目标

- 了解 Apache 服务器。
- 能够安装、启动和停止 Apache 服务。
- 能够配置 Apache 服务器主配置文件。
- 能够对 Apache 服务器进行常规配置。
- 能够对 Apache 服务器进行高级配置。

项目背景

公司需要搭建 Web 服务器，用来向客户端提供文档和放置网站文件。经理要求小张选择一款服务器进行搭建。考虑 Apache 服务器不但可以跨平台，而且安全性极高，小张打算在 Linux 系统的计算机上搭建 Apache 服务器。

任务 1　安装 Apache 服务

Apache 是 Apache 软件基金会的一个开放源码的网页服务器，可以在大多数计算机操作系统中运行，其由于多平台和安全性而被广泛使用，是最流行的 Web 服务器端软件之一。Apache 之前只用于小型或试验 Internet 网络，此后被开放源代码团体的成员不断地发展和加强。Apache 服务器拥有牢靠可信的美誉，已用在超过半数的因特网中，特别是最热门和访问量最大的网站。世界上很多著名的网站如 Amazon、Yahoo!、W3 Consortium、Financial Times 等都是 Apache 的产物。

Apache 支持许多特性，大部分通过编译的模块实现，可以支持 SSL 技术和多个虚拟主机。Apache 是以进程为基础的结构，进程要比线程消耗更多的系统开支，不太适合于多处理器环

境，因此，在一个 Apache Web 站点扩容时，通常是增加服务器或扩充群集节点而不是增加处理器。

Apache 在 CentOS 7 中是 Apache HTTP Server，所以想安装 Apache 其实是要安装 httpd。

安装 Apache 程序，一般有以下 3 种安装方式：

- 直接网络安装。
- 下载 rpm 包，上传至服务器进行安装。
- 通过源代码编译安装。

【操作】

（1）网络安装。

```
yum -y install httpd
```

安装效果如图 12-1 所示。

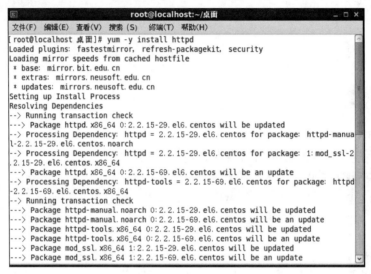

图 12-1　网络安装

（2）rpm 包安装。

```
rpm -qa | grep httpd
```

安装效果如图 12-2 所示。

```
[root@localhost 桌面]# rpm -qa| grep httpd
httpd-manual-2.2.15-69.el6.centos.noarch
httpd-tools-2.2.15-69.el6.centos.x86_64
httpd-2.2.15-69.el6.centos.x86_64
[root@localhost 桌面]#
```

图 12-2　rpm 包安装

任务 2　启动和停止 Apache 服务

【操作】

（1）启动 httpd 服务。

```
service httpd start
```

启动效果如图 12-3 所示。

```
[root@localhost 桌面]# service httpd start
正在启动 httpd：httpd：Could not reliably determine the server's fully qualified
domain name, using localhost.localdomain for ServerName
                                                    [确定]
[root@localhost 桌面]#
```

图 12-3　启动 httpd 服务

（2）重新启动 httpd 服务。

service httpd restart

（3）显示 httpd 服务状态。

service httpd status

（4）停止 httpd 服务。

service httpd stop

任务 3　测试 Apache 服务

【操作】

测试 Apache 有以下两种方法：

- 由于 www 的默认端口为 80，因此可以输入以下命令查看 80 端口是否处于监听状态，如果输入命令后提示 LISTEN 169/httpd，则表示处于监听状态，说明服务启动成功：

netstat　-tnlp| grep 80

- 打开浏览器，输入网址 http://127.0.0.1 或 http://localhost。测试结果如图 12-4 所示。

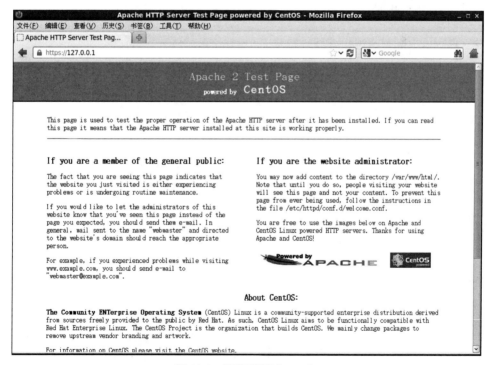

图 12-4　浏览器测试 Apache

任务4 配置 Apache 服务器的主配置文件

Apache 服务器的主配置文件为 /etc/httpd/conf/httpd.conf，其默认站点主目录为 /var/www/html/。默认情况下，Apache 的配置文件 httpd.conf 位于 etc/httpd/conf 目录下，是包含若干指令的纯文本文件。对配置文件进行修改后，必须重启 Apache，修改的选项才会生效。

httpd.conf 文件说明如下：

● 注释行以"#"开头。

● 文件中每个指令占一行，如果指令过长，可在行尾使用反斜杠"\"续行，反斜杠与下一行之间不能有任何其他字符。

● httpd.conf 文件的指令不区分大小写，但指令的参数区分。

httpd.conf 配置文件包括三部分：Global Environment、Main Server configuration 和 Virtual Hosts。Apache 服务器体系结构的最大特点就是模块化。

1. 配置 Global Environment 全局环境

（1）Global Environment 决定 Apache 服务器的全局参数，表示为每个访问启动一个进程。

```
<IfModule prefork.c>
    StartServers    8                    #StartServer 开始服务时启动 8 个进程
    MinSpareServers    5                 #最小空闲 5 个进程
    MaxSpareServers    20                #最多空闲 20 个进程
    ServerLimit    256                   #ServerLimit 服务器允许配置进程数的上限为 256
    MaxClients                           #客户端连接数最多为 256 个
    MaxRequestsPerChild    4000          #每个子进程在处理 4000 个请求后关闭
</IfModule>
```

（2）修改以下配置实现设置线程数量。

```
<IfModule worker.c>
    StartServers 2              #主控制进程所生成的子进程数为 2
    MaxClients    200           #同时最多能发起 200 个访问，大小由 ServerLimit 和 ThreadsPerChild 的
                                #乘积决定
    MinSpareThreads 25          #最小的线程总数为 25
    MaxSpareThreads 75          #最大的线程总数为 75
    ThreadsPerChild 25          #每个子进程生存期间常驻执行线程数为 25
    MaxRequestsPerChild 0       #每个进程生存期内允许服务的最大请求数量，0 表示无限制
</IfModule>
```

2. 配置 Main server configuration 主服务

Main Server configuration 是主服务配置，相当于是 Apache 中的默认 Web 站点，如果我们的服务器中只有一个站点，那么就只需在这里配置即可。

【操作】

（1）设置根目录权限。

```
<Directory />
    Options FollowSymLinks      #设置允许创建符号链接到根目录下
    AllowOverride None          #设置不允许将目录中的. htaccess 文件覆盖
</Directory>
```

（2）设置/var/www/html 目录权限。

```
<Directory "/var/www/html">
    Options Indexes FollowSymLinks    #当网页不存在的时候允许索引显示目录中的文件,允许访问符号
                                      #链接文件
    AllowOverride None                #不允许这个目录下的访问控制文件来改变这里的配置
    Order allow,deny                  #对页面的访问控制顺序
    Allow from all                    #允许所有的用户
</Directory>
```

（3）设置是否允许用户访问其家目录,默认是不允许。

```
<IfModule mod_userdir.c>
    UserDir disabled
</IfModule>
```

（4）阻止 Web 上的用户查看.htpasswd 和.htaccess 这两个文件。

```
<Files ~ "^\.ht">
    Order allow,deny    #指定访问的先后顺序,先允许访问后拒绝
    Deny from all       #指定所有客户端被拒绝访问
</Files>
```

（5）指定判断文件真实 MIME 类型功能的模块。

```
<IfModule mod_mime_magic.c>
    # MIMEMagicFile /usr/share/magic.mime
    MIMEMagicFile conf/magic
</IfModule>
```

（6）设置/var/www/icons/的访问权限。

```
Alias / icons/ "/var/www/icons/"
<Directory "/var/www/icons">
    Options Indexes MultiViews FollowSymLink
    AllowOverride None
    Order allow,deny
    Allow from all
</Directory>
```

（7）对 mod_dav_fs.c 模块的管理。

```
<IfModule mod_dav_fs.c>
    # Location of the WebDAV lock database.
    DAVLockDB /var/lib/dav/lockd
</IfModule>
```

（8）定义 CGI 目录的访问权限。

```
<Directory "/var/www/cgi-bin">
    AllowOverride None
    Options None
    Order allow,deny
    Allow from all
</Directory>
```

（9）设置网页错误的目录别名。

```
Alias /Error/ "/var/www/error/"
<IfModule mod_negotiation.c>
```

```
<IfModule mod_include.c> 859
```

（10）/var/www/error 网页的权限及操作。

```
<Directory /var/www/error">
    AllowOverride None
    Options IncludesNoExec
    AddOutputFilter Includes html
    AddHandler type-map var
    Order allow,deny
    Allow from all
    LanguagePriority en es de fr
    ForceLanguagePriority Prefer Fallback
</Directory>
```

3．Virtual Host 配置

虚拟主机不能与 Main Server 主服务器共存，当启用了虚拟主机之后，Main Server 就不能使用了。虚拟主机可以实现在一台物理主机上同时运行多个网站。Apache 提供基于 IP 地址的虚拟主机，即每个虚拟主机可以有多个 IP 地址，使用这些不同的 IP 地址可以判断用户的请求并作出相应的响应。

定义一个虚拟主机，"*"表示监听本机的所有 IP 地址，可以更改为具体的 IP 地址。虚拟主机部分如下：

```
<VirtualHost *:80>                                          # "*" 表示监听本机的所有 IP 地址
    ServerAdmin webmaster@www.linuxidc.com                  #配置管理员的邮箱
    DocumentRoot /www/docs/www.linuxidc.com                 #提供服务的程序目录
    ServerName www.linuxidc.com                             #提供服务的域名
    ErrorLog logs/www.linuxidc.com-error_log                #配置错误日志的路径
    CustomLog logs/www.linuxidc.com-access_log commo        #配置访问日志
</VirtualHost>
```

如果想要实现配置基于 IP 地址的虚拟主机，需要将此处的内容作相应的修改（建议保留源内容，即进行复制后修改）。修改后的内容如下：

```
<VirtualHost 192. 168.9.101>                #指定虚拟主机 IP 地址
    ServerAdmin root@Scat.com               #设置管理员邮箱地址
    DocumentRoot /var /www/hosts/ml          #指定网络文件的根目录 ml
    ServerName host1. com                    #设置服务器名称为 host1.com
    ErrorLog /var/www/logs1                  #指定 Apache 运行错误的日志位置
</VirtualHost>
```

任务 5　进行 Apache 服务器的常规配置

步骤一：ServerRoot 配置。

用户指定 Apache 软件安装的根目录，默认是安装在/usr/local/acache2 目录下。参数格式为：

```
SernerRoot [目录的绝对地址]
```

步骤二：Mutex default:log。

允许为多个不同的互斥对象设置互斥机制、mutex mechanism 和互斥文件目录、修改全局默认值。如果互斥对象是基于文件的以及默认的互斥文件目录不在本地磁盘或因为其他原因而不适用，那么取消注释并改变目录。

步骤三：Listen 配置。

Listen 用于指定 Apache 所监听的端口，默认情况下 Apache 的监听端口为 80，即 www 服务的默认端口。在服务器有多个 IP 地址的情况下，Listen 参数还可以用于设置监听的 IP 地址。参数格式如下：

Listen [端口/IP 地址:端口]

步骤四：Dynamic Shared Object（DSO）Support（动态共享对象支持）。

主要用于添加 Apache 的一些动态模块，比如 PHP 支持模块、重定向模块、认证模块，要对 Apache 添加某个功能模块，把前面的注释符号去掉即可。

步骤五：User 和 Group 配置。

此选项主要用于指定 Apache 服务的运行用户和用户组，默认为 daemon，格式如下：

User　[用户名/#UID]
Group　[用户组/#GID]

步骤六：ServerAdmin 配置。

该参数用于指定 Web 管理员的邮箱地址，这个地址会出现在系统连接出错的时候，以便访问者能够及时通知 Web 管理员，格式如下：

ServerAdmin　[邮箱地址]

步骤七：Apache 的默认服务名及端口设置。

此选项主要用于指定 Apache 默认的服务器名和端口，默认参数值设置为 ServerName localhost:80 即可。格式如下：

ServerN　[localhost:80]

步骤八：DocumentRoot 配置。

DocumentRoot 参数用于指定 Web 服务器上文档存放的位置，在未配置任何虚拟主机或虚拟目录的情况下，用户通过 http 访问 Web 服务器，所有的输出数据文件均存放在这里。格式如下：

DocumentRoot [目录的绝对路径]

步骤九：Apache 的默认首页设置。

此区域文件主要设置 Apache 默认支持的首页，默认只支持 index.html 首页，如果要支持其他类型的首页，需要在此区域添加。

DirectoryIndex　index.php　//表示支持 index.php 类型首页

步骤十：ErrorLog 配置。

ErrorLog 参数用于指定记录 Apache 运行过程中所产生的错误信息的日志文件位置，以方便系统管理员发现和解决故障。格式如下：

ErrorLog　[文件的绝对或者相对路径]

步骤十一：Mime_module 配置。

此区域文件主要包含一些 mime 文件支持，以及添加一些指令在给定的文件扩展名与特定的内容类型之间建立映射关系，比如添加对 php 文件扩展名的映射关系。

步骤十二：Apache 服务器补充设置。

Apache 服务器补充设置主要包括服务器池管理、多语言错误消息、动态目录列表形式配置、语言设置、用户家目录、请求和配置上的实时信息、虚拟主机、Apache Http Server 手册等。

步骤十三：LogLevel 配置。

该参数用于指定 ErrorLog 文件中记录的错误信息的级别，级别不同，输出日志信息的详细程度也不同。即参数值设置越往左边，错误的输出信息越详细。格式如下：

LogLevel　　[debug/info/notice/warm/error/crit/alert/emerg]

任务 6　进行 Apache 服务器的高级配置

每个网站都有固有的目录，但是如果网站进行了目录结构更新，用户再使用原来的 URL 访问时就会出现"404 页面无法找到"的错误，为了方便用户能够继续使用原来的 URL 进行访问，这时就要使用页面重定向。Apache 提供了 Rediret 命令用于配置页面重定向，命令格式如下：

Redirect　[HTTP 代码]　用户请求的 URL　　[重定向后的 URL]

HTTP 代码说明：

- 200：访问成功。
- 301：页面已移动，请求的数据具有新的位置且更改是永久的，用户可以记住新的 URL，以便日后直接使用新的 URL 进行访问。
- 302：页面已找到，但请求的数据临时具有不同的 URL。
- 303：页面已经被替换，用户应该记住新的 URL。
- 404：页面不存在，服务器找不到给定的资源。

任务需求：网站有一个目录/cdr，管理员对网站的目录结构进行重整，将/cdr 目录移动到/root_cdr 目录下，这时则需要设置页面重定向。

【操作】

（1）打开 httpd.conf 配置文件，在文件中添加如下内容：

Redirect　303　/cdr　http://localhost/root_cdr

（2）使用 mod_deflate 实现文件压缩功能。

文件压缩功能是在服务器端将文件进行压缩，传输后再在客户端进行解压。将以下内容放在虚拟主机当中，则实现压缩功能。

```
<ifmodule mod_defalte.c>
DeflateCompressionlevel 9            #压缩等级为 9
SetOutputFilter DEFLATE              #启用压缩
#DeflateFilterNote Input instream    #在日志中放置压缩率标记
#DeflateFilterNore Output outstream  #在日志中放置压缩率标记

#设置压缩的类型
AddOutputFilterByType DEFLATE text/html text/plain text/xmlAddOutputFilterByType DEFLATE
application/javascript
AddOutputFilterByType DEFLATE text/c

#DeflateFilterNote Ratio ratio       #在日志中放置压缩率标记
```

```
#LogFormat "'%r" %{outsream}n/%{instream}n (%{ratio}n%%)' deflate
#Customlog logs/deflate_log.log deflate
</ifmodule>
```

压缩后，使用 curl 命令，头部信息会出现一行 Vary：Accept-Encoding。

（3）使用 mod_expires 实现缓存功能。

通过设置 expires header 来实现缓存，其实就是通过 header 报文来指定特定类型的文件在浏览器中的缓存时间。大多数的图片在 Flash 发布后都是不需要经常修改的，做了缓存以后，浏览器就不会再从服务器下载这些文件，而是直接从缓存中读取。

```
<ifmodule mod_expires.c>
    ExpiresActive o
    ExpiresDefault "access plus 12 month"
    ExpiresByType test/html "access plus 12 months"
    ExpiresByType test/scc "access plus 12 months"
    ExpiresByType image/gif "access plus 12 months"
    ExpiresByType image/jpeg "access plus12 12 months"
    ExpiresByType image/jpg "access plus 12 months"
    ExpiresByType image/png "access plus 12 months"
    EXpiresByType application/x-shockwave-flash "access plus 12 months"
    EXpiresByType application/x-javascript "access plus 12 months"
    ExpiresByType video/x-flv "access plus 12 months"
</ifmodule>
```

（4）修改 Apache 的并发量设置。

Apache 的并发量默认是 150。打开 Include conf/extra/httpd-mpm.conf 模块进行修改，修改完并发数后，要停止 Apache 服务后再次启动。

httpd.conf 文件中原配置如下：

```
<IfModule mpm_worker_module>
    StartServers 5
    MaxClients 2000
    ServerLimit 25
    MinSpareThreads 50
    MaxSpareThreads 200
    ThreadLimit 200
    ThreadsPerChild 100
    MaxRequestsPerchild 0
</IfModule>
```

修改为：

```
StartServers 10
MinSpareServers 10
maxSpareServers 15
ServerLimit 2000
MaxClients 2000
MaxRequestsPerChild 10000
```

（5）访问控制。

网站中的某个目录如果有保密的需要，可以设定只能由管理员的机器来查看该目录，而其他用户没有查看权限。此时，可以通过修改 httpd.conf 的 Diretory 段来实现。Diretory 的格式如下：

```
<Diretory 目录的路径>
        目录相关的配置参数和指令
</Diretory>
```

假设目录名为 dir_a，管理员机器 IP 为 192.168.9.174。需要设置/usr/local/apache2/htdocs/dir_a 目录的属性，打开 httpd.conf 添加如下内容：

```
<Directory "/usr/local /apache2/htdocs/dir_a">
    Options Indexes FollowSymLinks
    AllowOverride    None
    Order deny,allow    #设置先执行拒绝规则，再执行允许规则
    Order deny,allow
    #使用 Deny 参数设置拒绝所有客户端访问
    Deny from al1    #设置拒绝所有客户端访问
    Allow from 192.168.9.174    #设置允许 192.168.59.134 客户端访问
</Directory>
```

说明：

- FllowSymLinks：允许访问符号链接的文件，即能访问不在本目录内的文件。
- indexes：在目录中找不到 DirectoryIndex 中指定的文件时会生成当前目录的文件列表。
- MultiViews：如果客户端请求的路径可能对应多种类型的文件，那么服务器将根据客户端请求的具体情况自动选择一个最匹配客户端要求的文件。

（6）屏蔽 Apache 版本等敏感信息。

客户访问时不知道用的是什么版本的服务器，可以减少攻击。修改 httpd-default.conf 文件。

```
ServerSignature off
ServerTokens Prod
```

（7）禁止用户重载。

```
AllowOverride Nore
```

（8）使用分布式配置文件.htaccess。

htaccess 文件又称为"分布式配置文件"，该文件可以覆盖 htpd.conf 文件中的配置，但是它只能设置对目录的访问控制和用户认证。如果 AllowOverride 启用了.htaccess 文件，则 Apache 需要在每个目录中查找.htaccess 文件，而且对每一个请求都需要读取一次.htaccess 文件，因此会导致性能的下降。此外，启用.htaccess 文件会允许用户自己修改服务器的配置，这可能导致某些意想不到的修改，从而导致安全性下降。如果想避免使用.htaccess 文件，可以进行如下修改：

```
AccessFileName .htacce
```

建议设置成：

```
#AccessFileName .htacce
```

然后，将全部目录权限定义使用 httpd.conf 中的定义，不使用.htaccess。

项目总结

通过完成本项目,学生可以掌握 Apache 及其主配置文件的内容、安装、启动和停止 Apache 服务方法、Apache 服务器常规配置方法、Apache 服务器高级配置方法。Apache 是世界上使用量最多的 Web服务器软件,它可以运行在几乎所有广泛使用的计算机平台上,其由于跨平台和安全性而被广泛使用,成为了最流行的 Web 服务器之一。

思考与练习

一、选择题

1. (　　) 源于 NCSAhttpd 服务器,经过多次修改,成为世界上最流行的Web 服务器软件之一,因为它是自由软件,所以不断有人来为它开发新的功能、新的特性和修改原来的缺陷。

  A. HTTP   B. Apache

  C. Web   D. Linux

2. Apache 服务器的主配置文件包括三部分,其中的(　　) 决定 Apache 服务器的全局参数。

  A. Main Server configuration   B. Virtual Hosts

  C. Global Environment   D. Html

3. Apache 服务器的主配置文件包括三部分,其中的(　　) 关系到 Apache 服务器的主服务配置。

  A. Main Server configuration   B. Virtual Hosts

  C. Global Environment   D. Html

4. Apache 服务器的主配置文件包括三部分,其中的(　　) 关系到 Apache 服务器的虚拟主机。

  A. Main Server configuration   B. Virtual Hosts

  C. Global Environment   D. Html

二、填空题

1. Apache 服务器的主配置文件为_____,其默认站点主目录为_____。
2. Apache 的特点是简单、速度快、性能稳定,并可作_____来使用。

三、简答题

1. 简述 Apache 服务的安装、启动和停止方法。
2. 简述 Apache 主配置文件的构成。

技能实训

实训：搭建 Apache 服务器

一、实训描述

搭建 Apache 服务器，要求如下：

（1）安装 httpd。

（2）编辑配置文件/etc/httpd/conf/httpd.conf。

1）在服务器响应主机头信息时显示 Apache 版本和操作系统名称。指定服务器主配置文件和日志文件的位置为/etc/httpd。在 50 秒内没有收到或发出任何数据则断开连接。启用长连接，一次连接最多能响应的请求数量为 80。一次连接中相邻两个请求的最大时间间隔为 20 秒。

2）配置 prefork，要求开启时启动的守护进程数量为 8，最少空闲进程为 5，最多空闲进程为 30，服务器允许最大的同时连接数为 256，同一时间允许的最大客户端连接数为 256。每个子进程能处理的最大连接数为 3000。

3）设置/var/www/php 目录的属性，不去读取.htaccess 配置文件的内容，先执行 allow 访问控制规则，再执行 deny，允许所有客户端访问。

（3）启动 httpd 服务。

二、实训步骤

（1）安装 httpd 服务，效果如图 12-5 所示。

```
yum install -y httpd
```

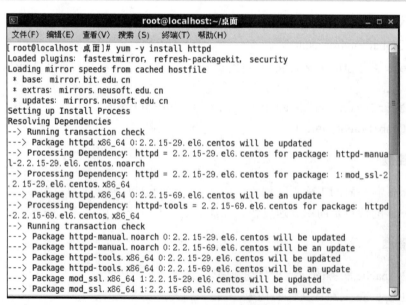

图 12-5　安装 httpd 服务

（2）编辑配置文件/etc/httpd/conf/httpd.conf。

1）使用 Vi 编辑器打开 httpd.conf 文件，如图 12-6 所示。

vim /etc/httpd/conf/httpd.conf

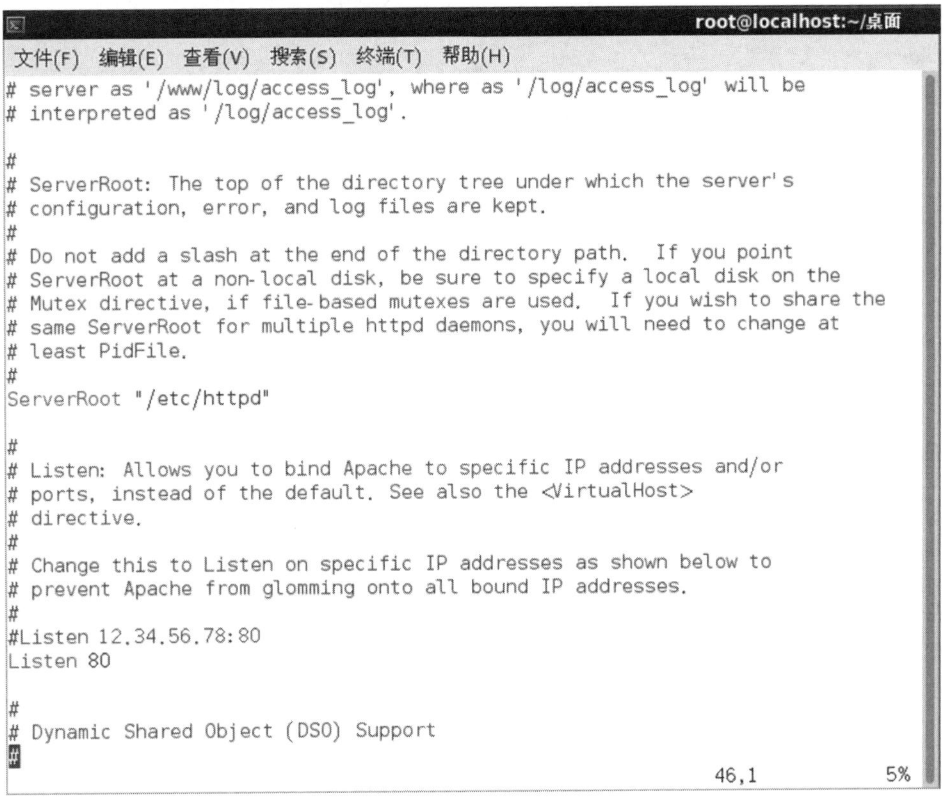

```
                                                         root@localhost:~/桌面
文件(F)  编辑(E)  查看(V)  搜索(S)  终端(T)  帮助(H)
# server as '/www/log/access_log', where as '/log/access_log' will be
# interpreted as '/log/access_log'.
#
# ServerRoot: The top of the directory tree under which the server's
# configuration, error, and log files are kept.
#
# Do not add a slash at the end of the directory path.  If you point
# ServerRoot at a non-local disk, be sure to specify a local disk on the
# Mutex directive, if file-based mutexes are used.  If you wish to share the
# same ServerRoot for multiple httpd daemons, you will need to change at
# least PidFile.
#
ServerRoot "/etc/httpd"


#
# Listen: Allows you to bind Apache to specific IP addresses and/or
# ports, instead of the default. See also the <VirtualHost>
# directive.
#
# Change this to Listen on specific IP addresses as shown below to
# prevent Apache from glomming onto all bound IP addresses.
#
#Listen 12.34.56.78:80
Listen 80


#
# Dynamic Shared Object (DSO) Support
#                                                      46,1            5%
```

图 12-6　httpd.conf 文件

2）修改配置文件信息。

```
ServerTokens OS
ServerRoot "/etc/httpd"
Timeout    50
KeepAlive    Off
MaxKeepAliveRequests    80
KeepAliveTimeout    20
```

```
<IfModule prefork.c>
    StartServers   8
    MinSpareServers    5
    MaxSpareServers    30
    ServerLimit    256
    MaxClients    256
    MaxRequestsPerChild    5000
</IfModule>
```

```
<Directory "/var/www/php">
    Options FollowSymLinks
    AllowOverride None          #不去读取.htaccess 配置文件的内容
    Order allow,deny            #先执行 allow 访问控制规则，再执行 deny
    Allow from all              #放行所有
</Directory>
```

（3）启动 httpd 服务。

```
service httpd start
```

项目十三
搭建电子邮件服务器

学习目标

- 了解电子邮件服务的相关概念及原理。
- 能够安装、启动和停止 Sendmail 邮件服务器。
- 能够配置 Sendmail 邮件服务器。
- 能够安装、启动 Postfix 邮件服务器。
- 能够配置 Postfix 邮件服务器。

项目背景

经理分配给小张的新工作是搭建电子邮件服务器。小张有些不解："我知道电子邮件既迅速，又易于分发，而且成本低廉。可是公司的计算机可以进行电子邮件的收发呀，为什么还要搭建邮件服务器呢？"经理告诉小张："现在的电子邮件消息可以包含超链接、HTML 格式文本、图像、声音，甚至视频数据。虽能大多数用户经常使用 ISP 或免费电子邮箱收发信件，但对于企业而言，为了能有效地对邮件进行管理，大多是自行架设邮件服务器。"经理要求小张对比 Sendmail 和 Postfix 两种邮件服务器，并在公司计算机上搭建这两种邮件服务器。

任务 1　搭建邮件服务器前的准备

1. 了解电子邮件服务的概念和优点

电子邮件服务是指通过网络传送信件、单据、资料等电子信息的通信方法，它是根据传统的邮政服务模型建立起来的。当发送电子邮件时，这份邮件是由邮件发送服务器发出，并根据收件人的地址判断对方的邮件接收器而将这封信发送到该服务器上，收件人要收取邮件也只能访问这个服务器才能完成。

电子邮件服务（Email 服务）是目前最常见、应用最广泛的一种互联网服务。通过电子邮件，可以与 Internet 上的任何人交换信息。电子邮件因其快速、高效、方便和价廉，得到了越来越广泛的应用。

电子邮件与传统邮件比有传输速度快、内容和形式多样、使用方便、费用低、安全性好等特点。具体表现在：

（1）发送速度快。电子邮件通常在数秒钟内即可送达全球任意位置的收件人信箱，其速度比电话通信更为高效快捷。如果接收者在收到电子邮件后的短时间内作出回复，往往发送者仍在计算机旁工作的时候就可以收到回复的电子邮件，接收双方交换一系列简短的电子邮件就像一次次简短的会话。

（2）信息多样化。电子邮件发送的信件内容除普通文字内容外，还可以是软件、数据，甚至是录音、动画、电视或各类多媒体信息。

（3）收发方便。与电话通信或邮政信件发送不同，电子邮件采取的是异步工作方式，它在高速传输的同时允许收信人自由决定在什么时候、什么地点接收和回复，发送电子邮件时不会因"占线"或接收方不在而耽误时间，收件人无需固定守候在线路另一端，可以在用户方便的任意时间、任意地点，甚至是在旅途中收取电子邮件，从而跨越了时间和空间的限制。

（4）成本低廉。电子邮件最大的优点还在于其低廉的通信价格，用户花费极少的市内电话费用即可将重要的信息发送到远在地球另一端的用户手中。

（5）广泛的交流对象。同一个信件可以通过网络极快地发送给网上指定的一个或多个成员，甚至召开网上会议进行互相讨论，这些成员可以分布在世界各地，但发送速度则与地域无关。与任何一种其他的Internet 服务相比，使用电子邮件可以与更多的人进行通信。

（6）安全。电子邮件软件是高效可靠的，如果目的地的计算机正好关机或暂时从 Internet 上断开，电子邮件软件会每隔一段时间自动重发；如果电子邮件在一段时间之内无法递交，电子邮件会自动通知发信人。作为一种高质量的服务，电子邮件是安全可靠的高速信件递送机制，Internet 用户一般只通过 E-mail 方式发送信件。

2. 熟悉电子邮件系统的组成

一个电子邮件系统应具有三个主要组成部件，即用户代理（MUA）、邮件传输代理（MTA）和邮件投递代理（MDA）。

（1）MUA（Mail User Agent）。

MUA 是一个邮件系统的客户端，为用户与邮件系统之间的交流提供一种机制，为用户提供一种可对邮件进行编辑、阅读、发送、存储及管理的工具。MUA 是用户与电子邮件系统的接口，在大多数情况下它就是在用户 PC 中运行的程序。用户代理至少应当具有撰写、显示、处理、和本地邮件服务器通信的功能。

（2）MTA（Mail Transfer Agent）。

MTA 包括邮件服务器和电子邮件使用的协议。邮件服务器需要使用两个不同的协议：一个协议用于发送邮件，即 SMTP（Simple Mail Transfer Protocol，简单邮件传输协议）；另一个协议用于接收邮件，即 POP（Post Office Protocol，邮局协议）。邮件服务器必须能够同时充当客户和服务器。同时，为存储大量的信件，邮件服务器必须提供大容量的存储器，存储所有所属邮件用户的信息及其信件，并对这些数据信息进行管理。

（3）MDA（Mail Delivery Agent）。

MDA 从 MTA 接收邮件并依照邮件发送的目的地将该邮件放置到本机账户的收件箱中，或者再经由 MTA 将信件转送到另一个 MTA。此外 MDA 还具有邮件过滤等功能。

电子邮件地址格式由 TCP/IP 协议体系的电子邮件系统规定，格式如下：

收件人邮箱名@邮箱所在主机的域名

例如 byl@126.com，其中 byl 是用户申请信箱时所注册的用户名，而 126.com 是用户所申请邮箱对应的本地邮件服务器的域名。

3. 解析电子邮件传输过程

【任务需求】

如图 13-1 所示，用户 A 要发一封邮件给用户 B，请描述电子邮件的传输过程。

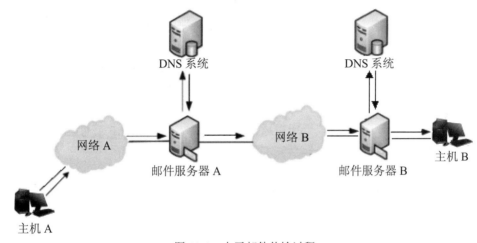

图 13-1　电子邮件传输过程

【任务说明】

电子邮件传输过程，总体分为以下步骤：

（1）用户使用MUA创建一封电子邮件，通过SMTP 协议送到了该用户的本地邮件服务器的邮件传输代理MTA。此邮件被加入本地 MTA 服务器的队列中。

（2）MTA 检查收件用户是否为内部账号，如果是内部账号，服务器将邮件存入本机邮箱中。

（3）如果邮件收件人不是内部账号，MTA 检查该邮件的收信人，向 DNS 服务器查询接收方 MTA 对应的域名，然后将邮件发送至接收方的 MTA，使用的仍然是 SMTP 协议，这时，邮件已经从本地的用户工作站发送到了收件人 ISP 的邮件服务器，并且转发到了远程的域中。

（4）远程邮件服务器比对收到的邮件，如果邮件地址是本服务器地址则将邮件保存在邮箱中，否则继续转发到目标邮件服务器。

（5）远端用户连接到远程邮件服务器的POP3（110 端口）或 IMAP（143 端口）接口上，通过账号密码获得使用授权。

（6）邮件服务器将远端用户账号下的邮件取出并且发送给收件人 MUA。

【任务完成】

详细过程如下：

（1）用户 A 将写好的邮件发送到它所注册的邮件服务器 A。

（2）邮件服务器 A 收到邮件，到 DNS 系统查询与该报文的目的邮箱地址有关的邮件资源记录。发现用户 B 不是 MTA 的内部账号，因此将邮件转发给对应的邮件服务器 B。

（3）邮件服务器 B 收到转发过来的邮件后，将该邮件交由它的 DNS 系统进行查询。查询结果发现该邮件地址是其内部账号，将该邮件存放到邮件服务器 B，等待用户 B 接收邮件。

4. 熟悉与电子邮件相关的协议

邮件系统里各种角色（如 MUA、MTA）之间的通信应符合各种标准与协议的规范。主要邮件协议有用于传递信息的标准协议 STMP（Simple Mail Transfer Protocol）和用于收信的协议 POP（Post Office Protocol）或 IMAP（Internet Mail Access Protocol）。

（1）STMP。SMTP 是工作在 TCP/IP 网络模型的应用层。SMTP 采用客户端服务器工作模式，默认监听 25 端口，基于 TCP 协议，向用户提供可靠的邮件发送传输。SMTP 采用分布式的工作方式，实现邮件的接力传送，通过不同网络上的 SMTP 主机以接力传送的方式把电子邮件从客户机传输到服务器，或者从一个 SMTP 服务器传输到另一个 SMTP 服务器。

（2）POP/IMAP。当用户想从邮箱取出他们的邮件时，必须使用 MUA 连接到 POP 或 IMAP 服务器，由服务器代为访问邮箱。POP 与 IMAP 之间最大的差异在于邮箱的管理方式。POP 用户通常将所有邮件从服务器搬回自己的主机，IMAP 则允许用户通过网络要求服务器代为管理邮件。

许多服务器同时提供两种协议，所以通常统称它们为 POP/IMAP 服务器。POP 与 IMAP 都没有寄信的能力，只能帮用户处理事先收到的邮件。

5. 邮件中继

邮件中继（SMTP Relay Service）指在不改变用户邮件地址（发件人）的前提下，将用户邮件通过多链路SMTP邮件转发服务器投递到收件人邮件服务器。

邮件中继主要是为了解决邮件外发退信问题，主要针对自建邮件系统，例如 Exchange、Domino、Winmail、Mdaemon、Icewap、Winwebmail 等，例如 Exchange 邮件系统外发遭遇大量的退信，IP 被加入了 RBL 黑名单里面，可以利用 Exchange 本身具备的邮件中继功能，通过其他邮件主机转发的形式，解决邮件退信问题。

任务 2 安装 Sendmail

Sendmail 是 Linux 中最重要的邮件传输代理程序。Sendmail 有很多的商业支持，而且有大量的用户群。如果在安装 Linux 的时候选择了 E-mail 服务，那么 Sendmail 就已经安装在 Linux 系统中了，并且已经进行了一些最基本的设置；如果在安装时没有选择 E-mail 服务，则可以通过 rpm 安装包或网络进行安装。

【操作】

通过网络安装，可以使用如下命令：

```
[root@localhost ~]# yum install -y Sendmail
[root@localhost ~]# yum install -y Sendmail-cf
```

如果需要 SMTP 验证，就安装并启动 saslauthd 服务，命令如下：

```
[root@localhost ~]# yum install -y saslauthd
[root@localhost ~]# service saslauthd start
```

如果在安装 Linux 的时候选择了 E-mail 服务，那么 Sendmail 就已经成为一个守护进程启动了。所谓守护进程，指在操作系统后台运行常驻内存的程序进程，能够完成特定的系统功能和网络服务。在 Linux 系统中有许许多多的服务就是以守护进程的方式启动着的。

任务 3　启动和停止 Sendmail

【操作】

（1）确认 Sendmail 服务是否已经启动。

```
[root@ localhost ~] # ps -aux grepsendnail
root   4012  0.0  0.3  8968  1668  ?  Ss 09:28 0:00   Sendmail:
accept ing connect ions
smmsp 4020 0.0 0.2 8008 1464 ? Ss 09:28 0:00 Sendmail: Queue
runner@ 01:OO :00 for /var/ spool/cl ientmqueue
```

（2）如果没有启动，使用以下命令启动 Sendmail 服务：

```
[root@localhost ~] # systemctl start Sendmail.service
```

（3）停止 Sendmail 服务。

```
[root@localhost ~] # systemctl stop Sendmail.service
```

（4）重新启动 Sendmail 服务。

```
[root@localhost ~] # systemctl restart Sendmail.service
```

任务 4　配置 Sendmail 服务器

1. 了解 Sendmail 的主要配置文件

（1）Sendmail.cf：Sendmail 核心配置文件，位于/etc/mail/Sendmail/Sendmail.cf。

（2）Sendmail.mc：Sendmail 提供 Sendmail 文件模板，通过编辑此文件后再使用 m4 工具将结果导入 Sendmail.cf 完成配置 Sendmail 核心配置文件，降低配置复杂度，位于/etc/mail/Sendmail.mc。

（3）local-host-names：定义收发邮件服务器的域名和主机别名，位于/etc/mail/local-host-name。

（4）access.db：用来设置 Sendmail 服务器为哪些主机进行转发邮件，位于/etc/mail/access.db。

（5）aliases.db：用来定义邮箱别名，位于/etc/mail/aliases.db。

（6）virtusertable.db：用来设置虚拟账户，位于/etc/mail/virtusertable.db。

2. 配置 Sendmail 的常规服务器

已知某企业域名为 strongcc.com，局域网网段为 192.168.9.0/24，DNS 及 Sendmail 服务器地址为 192.168.9.1。根据以上参数，完成 Sendmail 配置。

【操作】

搭建 Sendmail 服务器流程如下：

（1）配置 Sendmail.mc 文件。

（2）使用 m4 工具将 Sendmail.mc 文件导入 Sendmail.cf 文件。

（3）配置 local-host-names 文件。

（4）建立用户账号。

（5）重新启动服务使配置生效。

步骤一：配置 DNS 主配置文件 named.conf。

```
options {
    directory "/var/named";
};
zone "." IN {
    type hint;
    file "named.root";
};
```

正向解析文件设置如下：

```
zone "rstrongcc.com" IN {
    type master;
    file "strongcc.com.zone";
};
```

反向解析文件设置如下：

```
zone "9.168.192.in-addr.arpa" IN {
    type master;
    file "9.168.192.in-addr.arpa.zon";
};
```

步骤二：配置 strongcc.com 区域文件。查看 DNS 正向反向区域里面是否添加了 MX 邮件交换记录，如果未添加，则使用 MX 记录设置邮件服务器。

vim/var/named/strongcc.com.zone

```
$TTL 1D
@       IN      SOA     dns.strongcc.com.   root.rgb.com. (
                                0           :serial
                                1D          :refresh
                                1H          :retry
                                1W          :expire
                                3H      )       : minimum
@       IN      NS              dns.strongcc.com
dns     IN      A               192.168.9.1
www     IN      A               192.168.9.1
@       IN      MX      10      mail.strongcc.com.
mail    IN      A               192.168.9.1
```

步骤三：配置 strongcc.com 反向区域文件。

[root@localhost ~]# vim /var/named/192.168.9.arpa

```
$TTL 1D
@       IN      SOA     1.9.168.192.in-addr.arpa.       root (
                                0           :serial
                                1D          :refresh
```

			1H	:retry	
			1W	:expire	
			3H)	:minimum	
@	IN	NS		dns.strongcc.com	
100	IN	PTR		dns.strongcc.com .	
100	IN	PTR		www..strongcc.com.	
@	IN	MX	10	mail.rgb.com.	
100	IN	PTR		mail.rgb.com.	

步骤四：修改 DNS 域名解析的配置文件 vim /etc/resolv.conf。

步骤五：重启 named 服务使配置生效。

步骤六：编辑 Sendmail.mc 修改 SMTP 侦听网段范围 vim /etc/mail/Sendmail.mc。
配置邮件服务器需要将 smtp 侦听范围从 127.0.0.1 改为 0.0.0.0。

DAEMON_OPTIONS('Port=smtp.Addr=0.0.0.0.　Name=MTA')dn1

修改自己的域：LOCAL_DOMAIN('strongcc.com')dnl。

步骤七：使用 m4 命令生成 Sendmail.cf 文件。

m4 /etc/mail/Sendmail.mc > /etc/mail/Sendmail.cf。

步骤八：修改 local-host-names 文件添加域名及主机名。

vim /etc/mail/local-host-names

步骤九：安装 POP3 和 IMAP。

Sendmail 服务器基本配置完成后，Mail Server 就可以完成邮件发送工作。如果需要使用 POP3 和 IMAP 协议接收邮件，则还需要安装 dovecot 软件包。

步骤十：启动 Sendmail 服务。

步骤十一：测试端口。

使用 netstat 命令或 netstat -ntla 命令测试 SMTP 的 25 端口、POP3 的 110 端口和 IMAP 的 143 端口是否开启。

步骤十二：验证 Sendmail 的 SMTP 认证功能。

[root@localhost mail]# telnet localhost 25

输入：

ehlo localhost

验证 Sendmail 的 SMTP 认证功能。

telnet localhost 110

telnet mail.strongcc.com 25

telnet mail.strongcc.com 110

步骤十三：建立用户。

步骤十四：客户端测试。

任务 5　搭建 Postfix 邮件服务器

虽然 Sendmail 在 UNIX 及 Linux 系统中使用广泛，但在发展中出现过很多很著名的安全漏洞，因而有被其他邮件服务器软件（如 Postfix）取代的趋势。Postfix 是一种电子邮件服务器，是由任职于 IBM 华生研究中心（T.J. Watson Research Center）的荷兰籍研究员 Wietse Venema

为了改良 Sendmail 邮件服务器而产生的，是一个开放源代码的软件。

1. 搭建前的准备

（1）了解 Postfix 的特点。

- Postfix 想要作用的范围是广大的 Internet 用户，试图影响大多数 Internet 上的电子邮件系统，因此它是免费的。
- Postfix 兼容 Sendmail，Sendmail 用户可以很方便地迁移到 Postfix。
- Postfix 在性能上大约比 Sendmail 快 3 倍，一台运行 Postfix 的计算机每天可以收发上百万封邮件。
- Postfix 是由超过一打的小程序组成的，每个程序完成特定的功能，可以通过配置文件设置每个程序的运行参数。
- Postfix 具有多层防御结构，可以有效地抵御恶意入侵者。Postfix 程序由很多个组件构成，大多数组件可以运行在较低的权限之下，这可有效地保障服务器的安全。
- Postfix 被设计成在重负荷之下仍然可以正常工作。当系统运行超出了可用的内存或磁盘空间时，Postfix 会自动减少运行进程的数目。当处理的邮件数目增长时，Postfix 运行的进程不会跟着增加。

（2）了解 Postfix 的总体结构与工作原理。

Postfix 由十几个具有不同功能的半驻留进程组成，并且在这些进程中并无特定的进程间父子关系。某一个特定的进程可以为其他进程提供特定的服务。

大多数的 Postfix 进程由一个进程统一进行管理，该进程负责在需要的时候调用其他进程，这个管理进程就是 master 进程。该进程也是一个后台程序。

这些 Postfix 进程是可以配置的，可以配置每个进程运行的数目、可重用的次数、生存的时间等。通过灵活地配置特性可以使整个系统的运行成本大大降低。

Postfix 有 4 种不同的邮件队列，并且由队列管理进程统一进行管理：

- maildrop：本地邮件放置在 maildrop 中，同时也被拷贝到 incoming 中。
- incoming：放置正在到达或队列管理进程尚未发现的邮件。
- active：放置队列管理进程已经打开了并正准备投递的邮件，该队列有长度的限制。
- deferred：放置不能被投递的邮件。

队列管理进程仅仅在内存中保留 active 队列，并且对该队列的长度进行限制，这样做的目的是避免进程运行内存超过系统的可用内存。

当有新的邮件到达时，Postfix 进行初始化，初始化时 Postfix 同时只接受两个并发的连接请求。当邮件投递成功后，可以同时接受的并发连接的数目就会缓慢地增长至一个可以配置的值。当然，如果这时系统的消耗已到达系统不能承受的负载就会停止增长。还有一种情况是，如果 Postfix 在处理邮件过程中遇到了问题，则该值会开始降低。

当接收到的新邮件的数量超过 Postfix 的投递能力时，Postfix 会暂时停止投递 deferred 队列中的邮件而去处理新接收到的邮件。这是因为处理新邮件的延迟要小于处理 deferred 队列中的邮件。Postfix 会在空闲时处理 deferred 中的邮件。

当一封邮件第一次不能成功投递时，Postfix 会给该邮件贴上一个将来的时间邮票。邮件队列管理程序会忽略贴有将来时间邮票的邮件。时间邮票到期时，Postfix 会尝试再对该邮件进行一次投递，如果这次投递再次失败，Postfix 就给该邮件贴上一个两倍于上次时间邮票的时间邮票，等时间邮票到期时再次进行投递，依此类推。当然，经过一定次数的尝试之后，Postfix 会放弃对该邮件的投递，返回一个错误信息给该邮件的发件人。

Postfix 会在内存中保存一个有长度限制的当前不可到达的地址列表。这样就避免了对那些目的地为当前不可到达地址的邮件的投递尝试，从而大大提高了系统的性能。

Postfix 通过一系列的措施来提高系统的安全性，这些措施包括：

● 动态分配内存，从而防止系统缓冲区溢出。

● 把大邮件分割成几块进行处理，投递时再重组。

● Postfix 的各种进程不在其他用户进程的控制之下运行，而是运行在驻留主进程 master 的控制之下，与其他用户进程无父子关系，所以有很好的绝缘性。

● Postfix 的队列文件有其特殊的格式，只能被 Postfix 本身识别。

（3）Postfix 对邮件的处理过程。

1）接收邮件的过程。

当 Postfix 接收到一封新邮件时，新邮件首选在 incoming 队列处停留，然后针对不同的情况进行不同的处理：

● 对于来自于本地的邮件：Sendmail 进程负责接收来自本地的邮件并放在 maildrop 队列中，然后 pickup 进程对 maildrop 中的邮件进行完整性检测。maildrop 目录的权限必须设置为某一用户不能删除其他用户的邮件。

● 对于来自于网络的邮件：smtpd 进程负责接收来自网络的邮件，并且进行安全性检测。可以通过 UCE（Unsolicited Commercial Email）控制 smtpd 的行为。

● 由 Postfix 进程产生的邮件：这是为了将不可投递的信件返回给发件人。这些邮件是由 bounce 后台程序产生的。

● 由 Postfix 自己产生的邮件：提示 postmaster（亦即 Postfix 管理员）Postfix 运行过程中出现的问题（如 SMTP 协议问题、违反 UCE 规则的记录等）。

关于 cleanup 后台程序的说明：cleanup 是对新邮件进行处理的最后一道工序，它对新邮件进行以下处理：添加信头中丢失的 Form 信息；为将地址重写成标准的 user@fully.qualified.domain 格式进行排列；从信头中抽出收件人的地址；将邮件投入 incoming 队列中，并请求邮件队列管理进程处理该邮件；请求 trivial-rewrite 进程将地址转换成标准的 user@fully.qualified.domain 格式。

2）投递邮件的过程。

新邮件一旦到达 incoming 队列，下一步就是开始投递邮件。

邮件队列管理进程是整个 Postfix 邮件系统的心脏，它和 local、smtp、pipe 等投递代理相联系，将包含有队列文件路径信息、邮件发件人地址、邮件收件人地址的投递请求发送给投递代理。队列管理进程维护着一个 deferred 队列，那些无法投递的邮件被投递到该队列中。除此之外，队列管理进程还维护着一个 active 队列，该队列中的邮件数目是有限制的，这是为了防止在负载太大时内存溢出。邮件队列管理程序还负责将收件人地址在 relocated 表中列出的邮件返回给发件人，该表包含无效的收件人地址。

如果邮件队列管理进程请求，rewrite 后台程序对收件人地址进行解析。但是默认地，rewrite 只对邮件收件人是本地的还是远程的进行区别。

如果邮件对管理进程请求，bounce 后台程序可以生成一个邮件不可投递的报告。

本地投递代理 local 进程可以理解类似 UNIX 风格的邮箱、Sendmail 风格的系统别名数据库和 Sendmail 风格的.forward 文件。可以同时运行多个 local 进程，但是对同一个用户的并发投递进程数目是有限制的。可以配置 local 将邮件投递到用户的宿主目录，也可以配置 local 将邮件发送给一个外部命令，如流行的本地投递代理 procmail。在流行的 Linux 发行版本 RedHat 中就使用 procmail 作为最终的本地投递代理。

远程投递代理 SMTP 进程根据收件人地址查询一个 SMTP 服务器列表，按照顺序连接每一个 SMTP 服务器，根据性能对该表进行排序。在系统负载太大时，可以有数个并发的 SMTP 进程同时运行。

pipe 是用于 UUCP 协议的投递代理。

2. 安装 Postfix

【操作】

（1）源代码包的安装。

步骤一：下载 Postfix 源代码包。

到 Postfix 官方网站下载 Postfix 的源代码包 postfix-2.11.11.tar.gz，下载地址为 www.Postfix.org。

步骤二：使用以下命令解压源代码程序包。创建一个名为 postfix-2.11.11 的目录，在该目录中保存着 Postfix 的源代码包。

```
#tar xvzf postfix-2.11.11.tar.gz
```

步骤三：编译源代码包。

```
cd /tmp/ postfix-2.11.11
# make
```

步骤四：建立一个新用户 Postfix，该用户必须具有唯一的用户 ID 和组 ID，同时应该让这个用户不能登录到系统，亦即不为这个用户指定可执行的登录外壳程序和可用的用户宿主目录。可以先用 adduser Postfix 添加用户再编辑/etc/passwd 文件中的相关条目，如下：

```
Postfix:*:12345:12345:Postfix:/no/where:/no/shell
```

步骤五：创建一个用户组 postfix。

```
# groupadd -g 1000 postfix
```

步骤六：创建一个用户 postfix，该用户属于 postfix 组。

```
# useradd -g postfix postfix
```

步骤七：使用以下命令创建一个用户组 postdrop：

```
# groupadd postdrop
```

步骤八：确定/etc/aliases 文件中包含如下条目：

```
Postfix: root
```

步骤九：以 root 用户登录，在/tmp/ postfix-2.11.11 目录下执行以下命令：

```
./INSTALL.sh
```

（2）安装 rpm 包。

【操作】

步骤一：从 http://www.postfix.org/download.html 下载 Postfix 的 rpm 软件包。

步骤二：备份/etc/aliases 和/etc/aliases.db。

步骤三：用命令查看系统是否安装了 Sendmail，输入：

```
[root@mail /root]# rpm -qa |grep Sendmail
```

如果已经安装了 Sendmail，则需要进行卸载。

步骤四：卸载 Sendmail，输入：

```
[root@mail /root]# rpm -e Sendmail Sendmail-cf Sendmail-doc --nodeps
```

步骤五：杀死运行中的 Sendmail 进程。

```
[root@mail /root]# killall Sendmail
```

步骤六：安装 Postfix。

```
[root@mail /root]# rpm -Uvh Postfix-20000531-2.i386.rpm
```

3．启动 Postfix

（1）启动 Postfix。

【操作】

如果安装的是 Postfix 的源代码包，启动 Postfix 用如下命令：

```
[root@mail /root]# postfix start
```

如果安装的是 Postfix 的 rpm 包，启动 Postfix 用如下命令：

```
[root@mail /root]# /etc/rc.d/init.d/Postfix start
```

（2）配置系统每次启动时自动启动 Postfix。

【操作】

1）如果安装的是 Postfix 的源代码包，可以在/etc/rc.d/rc.local 文件中加入如下语句让系统每次启动时自动启动 Postfix：

```
if [ -f /usr/libexec/Postfix ]; then
        /usr/libexec/Postfix start
fi
```

2）如果安装的是 Postfix 的 rpm 包，可以通过 setup 命令来设置在系统启动时启动 Postfix。

4．配置 Postfix

【操作】

步骤一：熟悉 Postfix 的配置文件结构。

Postfix 的最基本的配置文件有 mail.cf、Install.cf、master.cf 和 Postfix-script。

- mail.cf：是 Postfix 主要的配置文件。
- Install.cf：包含安装过程中安装程序产生的 Postfix 初始化设置。
- master.cf：是 Postfix 的 master 进程的配置文件，该文件中的每一行都是用来配置 Postfix 的组件进程的运行方式。
- Postfix-script：包装了一些 Postfix 命令，以便在 Linux 环境中安全地执行这些 Postfix 命令。

Postfix 配置文件位于/etc/Postfix 下，配置选项有上千项，大部分不需要进行修改，只需要设置几个选项即可。可以使用 ls 命令查看 Postfix 的配置文件，如下：

```
[root@mail Postfix]# ls
install.cf main.cf master.cf Postfix-script
```

步骤二：配置 Postfix 的参数。

Postfix 大约有 100 个配置参数，这些参数都可以通过 main.cf 指定。更改 main.cf 文件后需要运行 Postfix reload 命令使其生效。

大多数的参数都设置了默认值，所以在这里只修改几个必要的参数。

（1）mynetworks：设置可以用于商用转发服务的主机地址。

mynetworks=127.0.0.1

（2）myhostname：指定运行 Postfix 邮件系统的主机的主机名。默认地，该值被设定为本地机器名。

myhostname = mail.byl.com

（3）mydestination：指定 Postfix 接收邮件时收件人的域名。默认地，Postfix 使用本地主机名作为 mydestination。比如用户的邮件地址为user@byl.com，也就是域为 byl.com，则需要接收所有收件人为user_name@byl.com的邮件。

mydestination = $mynetworks
mydestination = myhostname

（4）myorigin：指明发件人所在的域名。

myorigin = byl.com

或者

myorigin = $mydomain

（5）notify_classes：用来指定向 Postfix 管理员报告错误时的信息级别。共有以下几种级别：

- bounce：将不可以投递的邮件的拷贝发送给 Postfix 管理员。出于个人隐私的缘故，该邮件的拷贝不包含信头。
- 2bounce：将两次不可投递的邮件拷贝发送给 Postfix 管理员。
- delay：将邮件的投递延迟信息发送给管理员，仅包含信头。
- policy：将由于 UCE 规则限制而被拒绝的用户请求发送给 Postfix 管理员，包含整个 SMTP 会话的内容。
- protocol：将协议的错误信息或用户企图执行不支持的命令的记录发送给 Postfix 管理员，同样包含整个 SMTP 会话的内容。
- resource：将由于资源错误而不可投递的错误信息发送给 Postfix 管理员，比如队列文件写错误等。
- software：将由于软件错误而导致不可投递的错误信息发送给 Postfix 管理员。

在 Postfix 系统中，必须指定一个 Postfix 系统管理员的别名指向一个用户。

notify_classes = resource, software

（6）mydomain：用于指定运行 Postfix 服务器的主机域名。

mydomain = byl.com

（7）inet_interfaces：用于设定 Postfix 服务系统所需要监听的网络端口。

inet_interfaces = all
inet_interface = 192.168.9.10

项目总结

电子邮件是个人和企业不可缺少的信息来源。通过完成本项目，学生可以进一步了解电子邮件服务的相关概念，包括电子邮件系统的组成、电子邮件传输过程、电子邮件相关的协议等内容，能够安装、启动、停止和配置 Sendmail 邮件服务器，同时还可以完成 Postfix 邮件服务器的安装、启动和配置工作。

思考与练习

一、选择题

1.（　　）是用于"寄信"（传出邮件）的协议。当 MUA 要求 MAT 代为送出一封邮件，以及一个 MAT 将邮件送到另一个 MAT 时，都是使用该协议。
    A．POP   B．MAT   C．SMTP   D．TCP

2.（　　）是用于"收信"的协议。
    A．POP   B．MAT   C．SMTP   D．TCP

二、填空题

1．使用邮件用户代理（MUA）创建一封电子邮件，邮件创建后被送到了该用户的本地邮件服务器的邮件传输代理（MTA），传送过程使用的是＿＿＿＿＿＿协议。此邮件被加入本地 MTA 服务器的队列中。

2．如果邮件收件人并非本机用户，MTA 检查该邮件的收信人，向 DNS 服务器查询接收方 MTA 对应的域名，然后将邮件发送至接收方的 MTA，使用的仍然是＿＿＿＿＿＿协议，这时，邮件已经从本地的用户工作站发送到了收件人 ISP 的邮件服务器，并且转发到了远程的域中。

三、简答题

1．简述邮件系统的组成和电子邮件的传输过程。
2．简述安装、启动、停止、配置 Sendmail 邮件服务器的方法。
3．简述安装、启动、配置 Postfix 邮件服务器的方法。

技能实训

实训 1：配置 Sendmail 邮件服务器

一、实训描述

Sendmail 邮件服务器只为本机用户发送邮件，目前公司打算配置邮件服务器，使其能够接受来自任何地方的连接，真正地在网络中发挥作用。

二、实训步骤

（1）用 Vi 编辑器打开 Sendmail 的配置文件/etc/mail/sendmail.mc，输入指令：
```
[root@localhost ~]#vi /etclmailsendmail.mc
```
（2）打开文件后，将
```
DAEMON OPTIONS(Port-smtp,Addr=127.0.0.1, Name=MTA)dnl
```

改为

DAEMON_ OPTIONSC Port smtp,.Addr=0.0.0.0, Name=MTA)dnl

（3）生成新的 Sendmail 配置文件，输入命令：

[root@localhost ~]#cd /etc/mail

[root@localhost ~]#my sendmail.cf sendmail.org

[root@localhost ~]#m4 sendmail.me > sendmail.cf ;

说明：首先要备份原来的 Sendmail 配置文件，然后再用 m4 指令生成新的 Sendmail 配置文件。

实训 2：Postfix 配置

一、实训描述

公司需要搭建一台可以实现群组邮递的邮件服务器，即利用 Postfix 的别名功能实现将发送给某个别名邮件地址的邮件转发到多个真实用户的邮箱中。需求如下：发送给 team1 的邮件都会被自动转发给 user1、user2、user3、user4；发送给 team2 的邮件，都会被自动转发给 user5、user6、user7、user8；发送给 usermail 的邮件被自动转发给 yucmy 和 test@localdomail.test。

二、实训步骤

（1）打开 Postfix 主配置文件 letc/postfix/main.cf。

vi letc/postfix/main.cf

（2）在文件中找到如下语句：

alias maps hash:/etc/aliasesalias

database hash:/etclaliases

（3）打开配置文件/et/postfix/vitual aliases。

（4）在文件/et/postfix/vitual aliases 中添加以下语句：

team1:   user1, user2, user3, user4

team2:   user5, user6, user7, user8

usermail: yucmy, test@localdomail.test

（5）使更改立即生效，输入命令：

[root@localhost~]#postalias/etc/postfix/virtual_aliases

[root@localhost~]#postfix reload

项目十四

设置防火墙与代理服务器

学习目标

- 了解防火墙的概念和种类。
- 能够使用 iptables 实现 NAT。
- 能够安装、启动、停止和配置 squid 代理服务器。

项目背景

考虑到公司计算机的安全性，经理要求小张给计算机设置防火墙。小张问经理："设置防火墙就是安装杀毒软件吗？"经理说："可不是这么简单。防火墙是整个封包要进入主机前的第一道关卡，Linux 的防火墙主要是通过 Netfilter 和 TCP Wrappers 两个机制来管理的。其中，通过 Netfilter 防火墙机制，我们可以达到让私有 IP 的主机上网，并且也能够让 Internet 连到我们内部的私有 IP 所架设的 Linux 服务器（DNAT 功能）。"

任务 1　设置 iptables 防火墙

防火墙工作在主机或网络边缘，相当于在内部网与外部网之间、专用网与公共网之间的接口上构造的保护屏障，是一种获取安全性方法的形象说法。它在网络与网络之间建立起一个安全网关，从而保护内部网免受非法用户的侵入。防火墙主要由服务访问规则、验证工具、包过滤和应用网关4个部分组成，防火墙就是一个位于计算机和它所连接的网络之间的软件或硬件。该计算机流入流出的所有网络通信和数据包均要经过此防火墙。

1. 初识 iptables

Linux 不同版本所使用的防火墙软件是不同的。在早期的 openBSD 中通过内核中的 ipfwadm 来实现简单的数据报过滤功能；后来在 Linux 2.2 版本的内核中使用 ipchains 这个防火墙机制，意为链；再后来在 Linux 2.4 与 Linux 2.6 内核中主要使用 iptables 防火墙机制，意为表。

如果 Linux 系统连接到因特网或连接到 LAN 和因特网的代理服务器，则该系统有利于在 Linux 系统上更好地控制 IP 信息包过滤和防火墙配置。

防火墙在做信息包过滤决定时，有一套遵循的规则，这些规则存储在专用的信息包过滤表中，而这些表集成在 Linux 内核中。在信息包过滤表中，规则被分组放在我们所谓的链中。而 netfilter/iptables IP 信息包过滤系统是一款功能强大的工具，可用于添加、编辑和移除规则。

虽然 netfilter/iptables IP 信息包过滤系统被称为单个实体，但它实际上由两个组件 netfilter 和 iptables 组成。netfilter 组件也称为内核空间（kernelspace），是内核的一部分，由一些信息包过滤表组成，这些表包含内核用来控制信息包过滤处理的规则集。iptables 组件是一种工具，也称为用户空间（userspace），它使插入、修改和除去信息包过滤表中的规则变得容易。

2. 了解 iptables 工作原理

当主机收到一个数据包后，数据包先在内核空间中处理，若发现目的地址是自身，则传到用户空间中交给对应的应用程序处理，若发现目的地址不是自身，则会将包丢弃或进行转发。

iptables 实现防火墙功能的原理：iptables 首先分析数据包的报头数据，根据报头数据与定义的规则来决定该数据包是否可以进入主机或者是被丢弃。也就是说，根据数据包的分析资料"比对"预先定义的规则内容，若数据包数据与规则内容相同则进行动作，否则就继续下一条规则的比对。

iptables 中定义有 5 条链，即 5 个钩子函数，因为每个钩子函数中可以定义多条规则，每当数据包到达一个钩子函数时，iptables 就会从钩子函数中的第一条规则开始检查，查看该数据包是否满足规则所定义的条件。如果满足，系统就会根据该条规则所定义的方法处理该数据包；否则 iptables 将继续检查下一条规则，如果该数据包不符合钩子函数中的规则，iptables 就会根据该函数预先定义的默认策略来处理数据包。

iptables 中定义有表，分别表示提供的功能，如图 14-1 所示，有 filter 表（实现包过滤）、nat 表（实现网络地址转换）、mangle 表（实现包修改）、raw 表（实现数据跟踪），这些表具有一定的优先级：raw→mangle→nat→filter，一条链上可定义不同功能的规则，检查数据包时将根据上面的优先级顺序检查。

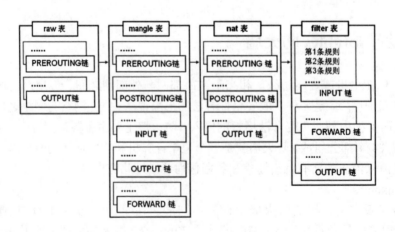

图 14-1　iptables 中定义的表

3. 安装 iptables

CentOS 7 默认的防火墙不是 iptables 而是 firewalle，这里介绍如何安装 iptables。

【操作】

（1）检查是否安装了 iptables。

[root@localhost ~]# rpm -qa|grep iptables

（2）如果没有安装，则用 yum 命令安装。

[root@localhost ~]#yum install iptables-services

（3）禁用/停止自带的 firewalld 服务。

[root@localhost ~]#systemctl stop firewalld　　#停止 firewalld 服务

[root@localhost ~]#systemctl mask firewalld　　#禁用 firewalld 服务

（4）禁止 firewall 开机启动。

[root@localhost ~]#systemctl disable firewall.service

（5）启动 iptables 服务。

[root@localhost ~]#systemctl start iptables.service

4. 设置 iptables 现有规则

iptables 包括一组内置和由用户定义规则的"链"，管理员可以在"链"上附加各种数据包处理规则。

- FILTER（过滤器）：设置进入本机的数据包相关规则，是默认的表，内建的链有：
  - ➢ INPUT：处理流入本地的数据包。
  - ➢ OUTPUT：处理本地流出的数据包。
  - ➢ FORWARD：处理通过系统路由的数据包。
- NAT（地址转换）：实现网络地址转换的表，内建的链有：
  - ➢ PREROUTING：处理即将接收的数据包。
  - ➢ OUTPUT：处理本地产生的数据包。
  - ➢ POSTROUTING：处理即将传出的数据包。
- MANGLE（破坏者）：这个表主要与特殊的数据包的路由标志有关，内建的链有：
  - ➢ PREROUTING：处理传入连接。
  - ➢ OUTPUT：处理本地生成的数据包。
  - ➢ INPUT：处理报文。
  - ➢ POSTROUTING：处理即将传出的数据包。
  - ➢ FORWARD：处理通过本机转发的数据包。

【操作】

（1）查看 iptables 防火墙策略。

iptables -L -v -n

（2）允许所有的服务。

iptables -P INPUT ACCEPT

（3）删除已经存在的规则。

iptables -F

（4）清空所有自定义规则。

iptables -X

（5）所有计数器归零。

iptables -Z

（6）允许来自 IO 接口的数据包。

iptables -A INPUT -i lo -j ACCEPT

（7）打开 Web 服务端口的 tcp 协议（HTTP）。

iptables -A INPUT -p tcp --dport 80 -j ACCEPT

（8）打开 POP3 服务端口的 tcp 协议。

iptables -A INPUT -p tcp --dport 110 -j ACCEPT

（9）打开 SMTP 服务端口的 tcp 协议。

iptables -A INPUT -p tcp --dport 25 -j ACCEPT

（10）打开 FTP 服务端口的 tcp 协议。

iptables -A INPUT -p tcp --dport 21 -j ACCEPT

（11）开放 443 端口（HTTPS）。

iptables -A INPUT -p tcp --dport 443 -j ACCEPT

（12）允许 ping。

iptables -A INPUT -p icmp --icmp-type 8 -j ACCEPT

（13）允许接受本机请求之后的返回数据 RELATED，是为 FTP 设置的。

iptables -A INPUT -m state --state RELATED,ESTABLISHED -j ACCEPT

（14）其他入站一律丢弃。

iptables -P INPUT DROP

（15）所有出站一律绿灯。

iptables -P OUTPUT ACCEPT

（16）所有转发一律丢弃。

iptables -P FORWARD DROP

（17）接受其所有 TCP 请求。

iptables -A INPUT -p tcp -s 45.96.174.68 -j ACCEPT

（18）过滤所有非以上规则的请求。

iptables -P INPUT DROP

（19）封停一个 IP。

iptables -I INPUT -s ***.***.***.*** -j DROP

（20）解封一个 IP。

iptables -D INPUT -s ***.***.***.*** -j DROP

（21）保存规则设定。

service iptables save

5．使用 iptables 命令

（1）iptables 命令格式。

iptables[-t　table] command　[chain] [rules]　[-j　target]

- table：设置使用的表名，值可以为：
  - ➢ raw：高级功能，如网址过滤。
  - ➢ mangle：数据包修改（QoS），用于实现服务质量。
  - ➢ net：地址转换，用于网关路由器。
  - ➢ filter：包过滤，用于防火墙规则。

- command：对链的操作命令，值包括：

  规则管理类：
  - -A：添加一个新规则到链的最后。
  - -I：插入（一般在相应的那条规则前后插入）。
  - -R：替换链中的某条规则。
  - -D：删除链中的规则。

  链管理类：
  - -F（flush）：清空链。
  - -N（new）：新建链。
  - -X（delete）：删除自定义的空链。
  - -E（rename）：对链重命名。

  默认策略：
  - -P：policy。

  清空计数器：
  - -Z：zero。

  查看类：
  - -L：list。
  - -n（numeric）：以纯数字的方式来显示，不作解析。
  - -v（verbose）：详细信息。
  - -x（exactly）：显示精确值，不作单位换算。
  - -line（numbers）：显示规则的行号。

  匹配条件：
  - -s（SOURCE）：可以是 IP。
  - -d：目标地址。
  - -p{tcp|udp|icmp}：指定协议，可选参数为 tcp、udp、icmp 协议。
  - -i（INTERFACE）：数据包的流入接口。
  - -o（OUTERFACE）：数据包的流出接口。
  - -p tcp：指定 tcp 协议。
  - --sport PORT：指定源端口。
  - --dport PORT：指定目的端口。

- chain 链名，值包括：
  - PREROUTING：定义目的 NAT 的规则。
  - POSTROUTING：定义源 NAT 的规则。
  - OUTPUT：定义本地数据包的目的 NAT 规则。

- rules：规则。

- target：动作，包括：
  - accept：接收数据包。
  - DROP：丢弃数据包。
  - REDIRECT：重定向、映射、透明代理。

> SNAT：源地址转换。
> DNAT：目标地址转换。
> MASQUERADE：IP 伪装（NAT），用于 ADSL。
> LOG：日志记录。

（2）命令各选项及解释。

COMMAND:

规则管理类：

-A：添加一个新规则到链的最后。

-I：插入（一般在相应的那条规则前后插入）。

-R：替换链中的某条规则。

-D：删除链中的规则。

（3）使用 iptables 命令。

【操作】

1）关闭所有的 INPUT、FORWARD、OUTPUT，只对某些端口开放。

iptables -P INPUTDROP

iptables -P FORWARDDROP

iptables -P OUTPUTDROP

2）开放指定的端口。

iptables -A INPUT -s 127.0.0.1 -d 127.0.0.1 -j ACCEPT
#允许本地回环接口（即运行本机访问本机）

iptables -A INPUT -m state --state ESTABLISHED,RELATED -j ACCEPT
#允许已建立的或相关联的通行

iptables -A OUTPUT -j ACCEPT   #允许所有本机向外的访问

iptables -A INPUT -p tcp --dport 22 -j ACCEPT   #允许访问 22 端口

iptables -A INPUT -p tcp --dport 80 -j ACCEPT   #允许访问 80 端口

iptables -A INPUT -p tcp --dport 21 -j ACCEPT   #允许FTP服务的 21 端口

iptables -A INPUT -p tcp --dport 20 -j ACCEPT   #允许 FTP 服务的 20 端口

iptables -A INPUT -j reject   #禁止其他未允许的规则访问

iptables -A FORWARD -j REJECT   #禁止其他未允许的规则访问

3）查看已添加的 iptables 规则。

iptables -L -n -v

4）删除规则。

iptables -D INPUT 规则的编号

5）DNS 端口 53 设置。

iptables -A OUTPUT -p udp --dport 53 -j ACCEPT

6）清除已有的 iptables 规则。

iptables -F

iptables -X

iptables -Z

7）开放指定的端口。

iptables -A INPUT -s127.0.0.1 -d 127.0.0.1 -j ACCEPT
#允许本地回环接口（即运行本机访问本机）

iptables -A INPUT -mstate --state ESTABLISHED,RELATED -j ACCEPT

```
#允许已建立的或相关联的通行
iptables -A OUTPUT-j ACCEPT          #允许所有本机向外的访问
iptables -A INPUT -ptcp --dport 22 -j ACCEPT       #允许访问 22 端口
iptables -A INPUT -ptcp --dport 80 -j ACCEPT       #允许访问 80 端口
iptables -A INPUT -ptcp --dport 21 -j ACCEPT       #允许 FTP 服务的 21 端口
iptables -A INPUT -ptcp --dport 20 -j ACCEPT       #允许 FTP 服务的 20 端口
iptables -A INPUT -jreject             #禁止其他未允许的规则访问
iptables -A FORWARD-j REJECT           #禁止其他未允许的规则访问
```

8）屏蔽 IP。

```
iptables -I INPUT -s 123.45.6.7 -j DROP       #屏蔽单个 IP 的命令
iptables -I INPUT -s 123.0.0.0/8 -j DROP
#封整个段即从 123.0.0.1 到 123.255.255.254 的命令
iptables -I INPUT -s 124.45.0.0/16 -j DROP
#封 IP 段即从 123.45.0.1 到 123.45.255.254 的命令
iptables -I INPUT -s 123.45.6.0/24 -j DROP
#封 IP 段即从 123.45.6.1 到 123.45.6.254 的命令
```

9）查看、删除已添加的 iptables 规则。

```
iptables -L -n -v
iptables -L -n--line-numbers    iptables -D INPUT 8
```

任务 2　使用 iptables 实现 NAT

1. 初识 NAT

随着 Internet 的迅速发展，接入 Internet 的计算机和网络设备急剧增加，IP 地址短缺及路由规模越来越大已成为一个相当严重的问题。为了解决这个问题，出现了多种解决方案。一种在目前网络环境中比较有效的方法即地址转换功能。

（1）NAT 的概念。

NAT 即网络地址转换，是一个根据 RFC1631 开发的 IETF 标准。通过 NAT，可以把局城网内部的私网 IP 地址翻译成合法的公网 IP 地址，所有的客户端都通过同一个公网 IP 地址访问 Internet。

在传统的标准 TCP/IP 通信过程中，所有的路由器仅仅是充当一个中间人的角色，也就是通常所说的存储转发，路由器并不会对转发的数据包进行修改，更为确切地说，除了将源 MAC 地址换成自己的 MAC 地址以外，路由器不会对转发的数据包进行任何修改。NAT 恰恰是出于某种特殊需要而对数据包的源 IP 地址、目的 IP 地址、源端口、目的端口进行改写的操作。

（2）NAT 的应用。

NAT 有以下几种应用：

- 你想连接 Internet，但不想让你的网络内的所有计算机都拥有一个真正的 Internet IP 地址。通过 NAT 功能，可以将申请的合法的 Internet IP 地址进行统一管理，当内部的计算机需要上 Internet 时，动态或静态地将假的 IP 地址转换为合法的 IP 地址。
- 你不想让外部网络用户知道你的网络的内部结构，可以通过 NAT 将内部网络与外部 Internet 隔离开，则外部用户根本不知道你的假 IP 地址。
- 你申请的合法 Internet IP 地址很少，而你的内部网络用户很多。可以通过 NAT 功能实现多个用户同时公开一个合法 IP 与外部 Internet 进行通信。

（3）NAT 地址的相关概念。

● 内部本地地址（Inside Local Address）：分配给内部网络中的计算机的假的 IP 地址。

● 内网合法地址（Inside Global Address）：指内网的合法 IP 地址，是经过注册申请获得的可以与互联网进行通信的 IP 地址。

● 外部本地地址（Outside Local Address）：指外部网络主机的私有 IP 地址。

● 外部全局地址（Outside Global Address）：指外部网络主机的合法 IP 地址。

（4）NAT 原理。

NAT 有三种类型：静态 NAT、动态地址 NAT、网络地址端口转换 DNAT。

静态 NAT 解决问题的办法是：在内部网络中使用内部地址，通过 NAT 把内部地址翻译成合法的 IP 地址在 Internet 上使用。NAT 设备维护一个状态表，需要管理员手工在 NAT 表中为每一个需要转换的内部本地地址创建转换条目，把非法的 IP 地址映射到合法的 IP 地址上去。每个包在 NAT 设备中都被翻译成正确的 IP 地址，发往下一级，这意味着给处理器带来了一定的负担。但对于一般的网络来说，这种负担是微不足道的。

动态地址转换 NAT 是定义系列的内部全局地址，组成全局地址，当内部主机需要访问外部网络时，则动态地从内部全局地址池中选择一个未使用的 IP 地址，进行临时的地址转换。当用户断开后，这个 IP 地址就会被释放以供其他用户使用。

网络地址端口转换 NAT，也叫反向 NAT，它解决问题的方法是：在内部网络中，使用内部地址的计算机开设了网络服务（80、21 等），当外部 IP 想访问这些服务时，NAT 网关把外部访问 IP 翻译成内部 IP。也就是说，把内部开设的服务映射到一个合法的 IP 和端口上，以供外部访问。

（5）NAT 的优缺点。

1）NAT 的优点。

● 宽带共享：通过一个公网地址可以让许多机器连上网络。理论上所有网络端口有多少个公网 IP 就能够支持多少台机器联网，解决了 IP 地址不够用的问题。

● 安全防护：通过 NAT 技术转换后，实际机器隐藏自己的真实 IP，仅通过端口来区别是内网中的哪个机器，保证了自身安全。

2）NAT 的缺点。

● NAT 可将客户端的数据请求包的包头 IP 信息进行修改，而有些数据请求包使用数字签名进行加密，如果数据请求包的包头信息被修改，将导致整个数据包的信息失效。

● NAT 服务器记录其所管辖的局域网用户的 IP 地址等信息，若 NAT 服务器被非法控制，将导致整个局域网用户的信息被暴露在互联网上，这也就意味着 NAT 不能被当作防火墙来使用。

● NAT 服务器很难做到点对点的连接。

● NAT 使得 IP 协议从面向无连接变成了面向连接。NAT 必须维护专用 IP 地址与公用 IP 地址以及端口号的映射关系。在 TCP/IP 协议体系中，如果一个路由器出现故障，不会影响到 TCP 协议的执行。因为只要几秒收不到应答，发送进程就会进行超时重传处理。而当存在 NAT 时，最初设计的 TCP/IP 协议过程将发生变化，Internet 可能变得非常脆弱。

- NAT 违反了基本网络分层结构模型的设计原则。因为在传统的网络分层结构模型中，第 N 层是不能修改第 N+1 层的报头内容的。NAT 破坏了这种各层独立的原则。

2. 使用 iptables 实现 NAT

Linux 系统集成了 iptables 防火墙软件，iptables 是 Linux 内核集成的 IP 信息包过滤系统。通过 iptables 可以实现 NAT 地址转换功能。如果 Linux 系统连接到因特网或连接到 LAN 和因特网的代理服务器，则该系统有利于在 Linux 系统上更好地控制 IP 信息包过滤和防火墙配置。

在使用 iptables 的 NAT 功能时，我们必须注意：

- 在每一条规则中使用"-t NAT"显式地指明使用 NAT 表。
- 对规则的操作。
- 通过--source/--src/-s 来指定源地址，通过--destiNATion/--dst/-s 来指定目的地址。
- 对于 PREROUTING 链，只能用-i 指定进来的网络接口；而对于 POSTROUTING 和 OUTPUT，只能用-o 指定出去的网络接口。
- 指定协议及端口。可以通过--protocol/-p 选项来指定协议，如果是 udp 和 tcp 协议，还可以用--source-port/--sport 和--destiNATion-port/--dport 来指明端口。

iptables 命令格式如下：

iptables[-t table] command [chain] [rules] [-j target]

- table：设置使用的表名，值可以为 raw、mangle、nat、filter。
- command：对链的操作命令，值包括：
  - -A：添加一个新规则到链的最后。
  - -I：插入（一般在相应的那条规则前后插入）。
  - -R：替换链中的某条规则。
  - -D：删除链中的规则。
- chain：链名，值包括：
  - PREROUTING：定义目的 NAT 的规则。
  - POSTROUTING：定义源 NAT 的规则。
  - OUTPUT：定义本地数据包的目的 NAT 规则。
- rules：规则。
- target：动作如何进行。
- -j：跳转。

【操作】

（1）使用 iptables 更改源 IP 为 219.217.78.5 并且从 eth0 出口送出。

iptables -t nat -A POSTROUTING -o eth0 -j SNAT - to 219.217.78.5

（2）假如 219.217.78.5 客户端 192.168.0.2 开设了 80 端口的 Web 服务，用 iptables 让外部访问到这个局域网内部的服务。

iptables -t nat -A PREROUTING -i eth0 -d 219.217.78.5 -p tcp -dport 80 -j DNAT
-to-destination 192.168.9.2:80

（3）使用 iptables 更改所有来自 10.0.6.0/24 网络数据包的源 IP 地址为 192.168.7.244。

iptables -t nat -A POSTROUTING -s 10.0.6.0/24 -0 eth0 j SNAT-- to 192. 168.7.244

（4）把所有目的 IP 地址为 192.254.7.20 的数据包中的目的地址更改为 10.0.6.1。

```
iptables -t nat -A PREROUTING -d 192.254.7.20 -i eth2 -j DNAT --to 10.0.6.1
```

任务 3 安装 Squid 代理服务器

1. 了解代理服务器

代理服务器的功能就是代理网络用户去取得网络信息。Squid（Squid Cache）是 Linux 系统中最常用的一款开源代理服务软件，可以很好地实现 HTTP 和 FTP，以及 DNS 查询、SSL 等应用的缓存代理，功能十分强大。除此之外，代理服务器还有一个额外的功能，就是防火墙功能。因为个人的计算机如果要连接外网一定要经过代理服务器。

（1）Squid 分类。

按照代理类型的不同，可以将 Squid 代理分为正向代理和反向代理。正向代理中，根据实现方式的不同，又可以分为普通代理和透明代理。

- 普通代理：用于缓存静态的网页到代理服务器。当再次访问该网页时，浏览器将直接从本地代理服务器那里请求数据而不再向原 Web 站点请求数据。这样就提高了访问速度。普通代理需要客户机在浏览器中指定代理服务器的地址、端口。
- 透明代理：和普通代理的功能完全相同，但是代理操作对客户端的浏览器是透明的，即客户机不需要指定代理服务器地址、端口等信息。透明代理服务器阻断网络通信，并且过滤出访问外部的 HTTP（80 端口）流量，适用于企业的网关主机（共享接入 Internet）中。

反向代理：是指以代理服务器来接收 Internet 上的连接请求，然后将请求转发给内部网络上的服务器，并将从服务器上得到的结果返回给 Internet 上请求连接的客户端，此时代理服务器对外就表现为一个服务器。

（2）Squid 基本信息。

- 配置目录：/etc/squid。
- 主配置文件：/etc/squid/squid.comf。
- 默认监听端口：3128。
- 默认访问日志文件：/var/log/squid/access.log。
- 配置文件文档：/usr/share/doc/squid*/squid.conf.documented。

2. 解析代理服务器的工作原理

Squid 是一个缓存 Internet 数据的软件，它接收用户的下载申请，并自动处理所下载的数据。也就是说，当一个用户想要下载一个主页时，它向 Squid 发出一个申请，要 Squid 替它下载，然后 Squid 连接所申请的网站并请求该主页，接着把该主页传给用户同时保留一个备份，当别的用户申请同样的页面时，Squid 把保存的备份立即传给用户，减少了向 Internet 提交重复的 Web 请求的过程，提高了用户下载网页的速度，隐藏了客户机的真实 IP。

Squid 可以代理 HTTP、FTP、GOPHER、SSL 和 WAIS 等协议并且可以自动地进行处理，可以根据自己的需要设置 Squid，使之过滤掉不想要的东西。

【任务描述】

客户端指定了代理服务器后，想从因特网取得数据。请结合图 14-2 解析说明代理服务器的工作流程。

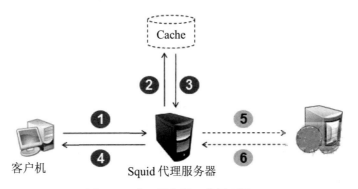

图 14-2　代理服务器工作原理图

【任务完成】

图 14-2 所示的代理服务器工作流程如下：

● 当代理服务器中有客户端需要的数据时：

（1）客户端向代理服务器发送数据请求。

（2）代理服务器端接收之后，先比对这个数据包的来源与预计要前往的目标网站是否合法。如果来源与目标都是合法的，那么代理服务器端会开始替客户端取得数据。

（3）代理服务器在缓存中找到了用户想要的数据，取出数据。

（4）代理服务器将数据发送给客户端。

如图 14-2 所示，此过程的执行顺序为①→②→③→④。

● 当代理服务器中没有客户端需要的数据时：

（1）客户端向代理服务器发送数据请求。

（2）代理服务器接收请求后，首先在自己的缓存中进行数据比对。

（3）代理服务器在缓存中没有找到用户想要的数据，前往因特网。

（4）代理服务器向因特网发送要求，请求取得相关数据。

（5）远端服务器响应，返回相应的数据。

（6）代理服务器取得远端服务器的数据，返回给客户端，并保留一份到自己的数据缓存中。

如图 14-2 所示，此过程的执行顺序为①→②→③→⑤→⑥→④。

3．安装 Squid 服务

（1）检查 Squid 软件是否安装。

```
# rpm -qa|grep squid
```

（2）如果未安装，则使用 yum 方式安装。

```
# yum -y install squid
```

任务 4　启动 Squid 服务

【操作】

（1）设置开机自启动。

```
# chkconfig --level 35 squid on          //在 3、5 级别上自动运行 Squid 服务
```

（2）启动 Squid 服务。

```
# service   squid   start
```

任务 5　配置 Squid 服务器

/etc/squid/squid.conf 是 Squid 服务器主要的配置文件，几乎所有 Squid 需要的设置都是放置在这个文件当中的。还有一个/etc/squid/mime.conf 文件，这个文件则是在设置 Squid 所支持的 Internet 上面的文件格式，这个文件一般不需要改动。

【操作】

配置/etc/squid/squid.conf 文件。

（1）设置监听的端口。

```
http_port   3128          //默认的监听客户端要求的端口，可以更改
```

（2）设置缓存大小。

```
cache_mem   64 MB         //设定额外提供多少内存容量供 Squid 使用
```

（3）设置 Squid 磁盘缓存最大文件，设置 Squid 内存缓存最大文件。

```
maximum_object_size 4 MB
//设置 Squid 磁盘缓存最大文件，超过 4MB 的文件不保存到硬盘
minimum_object_size 0 KB     //设置 Squid 磁盘缓存最小文件
maximum_object_size_in_memory 4096 KB
//设置 Squid 内存缓存最大文件，超过 4MB 的文件不保存到内存
```

（4）设置 cache 文件的存储方式和在硬盘中的存储位置。

```
mkdir   /var/squidcache     //创建目录
//定义 Squid 的 cache 存放路径/var/squidcache、cache 目录容量 7000MB、一级缓存目录数量 16、二级缓
//存目录数量 256
cache_dir   ufs  /var/squidcache 7000 16 256
```

（5）设置日志文件。

```
logformat combined %&gt;a %ui %un [%tl] "%rm %ru HTTP/%rv" %Hs %<st "%
{Referer}>h" "%{User-Agent}&gt;h" %Ss:%Sh      //log 文件日志格式
access_log /var/log/squid/access.log combined        //log 文件存放路径和日志格式
cache_log /var/log/squid/cache.log                   //设置缓存日志
logfile_rotate 60                                    //log 轮循 60 天
```

（6）控制存储在磁盘上的对象置换，其值是最大 cache 容量的百分比。

```
cache_swap_high 95      //cache 目录使用量大于 95%时，开始清理旧的 cache
cache_swap_low 90       //cache 目录清理到 90%时停止
```

（7）设置访问控制，在默认情况下，Squid 会拒绝所有客户的请求。在使用之前需要在 squid.conf 文件里加入附加的访问控制规则，也就是定义一个针对客户端 IP 地址的访问控制列表和系列访问规则，告诉服务器允许来自哪些 IP 地址的 HTTP 请求。

acl 格式如下：

```
acl 列表名称 列表类型 [-i] 列表值 1   列表值 2   ...
```

- 列表名称：用于区分 Squid 的各个访问控制列表 ACL。
- 列表类型：就是可以被 Squid 识别的类型，包括：
  - ➤ src：客户端的源 IP 地址。
  - ➤ dst：指向目标服务器的 IP 地址。

- ➤ myip：Squid 的 IP 地址。
- ➤ dstdomain：用于检查请求 URL 里的主机名。
- ➤ srcdomain：要求对每个客户终端 IP 地址进行反向 DNS 查询。
- ➤ port：用于定义单独的端口或端口范围。
- ➤ myport：指向 Squid 自己的端口号，用以接收客户终端的请求。
- ➤ method：HTTP 请求方法，包括 GET、POST、PUT、HEAD.CONNECT、TRACE、OPTIONS 和 DELETE 等。
- ➤ proto：用于指定 URI 访问（或传输）协议。
- ➤ time：用于控制基于时间的访问。
- ➤ ident：用于匹配被 ident 协议返回的用户名。
- ➤ sre as：用于检查客户终端源 IP 地址所属的具体 AS 号。
- ➤ dst_as：经常与参数 ache _peer access 一起使用。
- ➤ maxconn：用于设定客户端同时连接的最大连接数，常用于阻止用户滥用代理或者消耗过多资源。
- ➤ arp：用于检测 cache 客户端的 MAC 地址（以太网卡的物理地址）。
- ➤ srcdom_regex：ACL 允许使用正则表达式匹配客户端的域名。
- ➤ dstdom_regex：允许使用正则表达式匹配目标服务器的域名。
- ➤ url_regex：用于匹配请求 URL 的任何部分，包括传输协议和目标服务器主机名。
- ➤ urlpath_regex：与 url regex 非常相似，但匹配条件不包含传输协议和主机。
- ➤ browser：用于对 user-agent 执行正则表达式匹配。
- ➤ req_mime_type：客户 HTTP 请求中的 Content-Type 头部，通常仅出现在请求消息主体中。
- ➤ rep_mime_type：客户 HTTP 请求中的 Content-Type 头部，仅在使用 http_reply_access 规则时才有用。
- ➤ ident_regex：允许使用正则表达式代替严格的字符串匹配，这些匹配针对 ident 协议返回的用户名。
- ➤ proxy_auth_regex：允许对代理认证用户名使用正则表达式。

```
acl localnet src 192.168.9.0/24        //定义本地网段
```
（8）HTTP 请求的限制。
```
http_access allow localnet             //允许本地网段使用
http_access deny all                   //拒绝所有访问
```
（9）主机名。
```
visible_hostname squid.byl.dev         //设置主机名
```
（10）设置管理员联系信息。
```
cache_mgr baiyuling@126.com            //设置管理员邮箱
```

项目总结

通过完成本项目，学生可以进一步了解 Linux 系统下的防火墙与代理服务器。项目设计首先由防火墙的概念和种类引入，然后搭建 iptables，接着着重训练学生 Linux 下 NAT 的网络配置（服务端和客户端）以及熟练使用防火墙配置原则，然后帮助学生掌握 Squid 代理服务器的安装及配置方法。

思考与练习

填写指令

1．定制策略。

（1）设定 INPUT 为 ACCEPT：＿＿＿＿＿。

（2）设定 OUTPUT 为 ACCEPT：＿＿＿＿＿。

（3）设定 FORWARD 为 ACCEPT：＿＿＿＿＿。

2．定制源地址访问策略。

（1）接收来自 192.168.0.3 的 IP 访问：＿＿＿＿＿。

（2）拒绝来自 192.168.0.0/24 网段的访问：＿＿＿＿＿。

3．目标地址 192.168.0.3 的访问给予记录，并查看/var/log/message：＿＿＿＿＿。

4．定制端口访问策略。

（1）拒绝任何地址访问本机的 111 端口：＿＿＿＿＿。

（2）拒绝 192.168.0.0/24 网段的 1024-65534 的源端口访问 SSH：＿＿＿＿＿。

5．定制 CLIENT 端的防火墙访问状态。

（1）清除所有已经存在的规则：＿＿＿＿＿。

（2）设定预设策略，除了 INPUT 设为 DROP，其他为 ACCEPT：＿＿＿＿＿。

（3）开放本机的 lo 可以自由访问：＿＿＿＿＿。

（4）设定相关的封包状态可以进入本机：＿＿＿＿＿。

6．定制防火墙的 MAC 地址访问策略。

（1）清除所有已存的规则：＿＿＿＿＿。

（2）将 INPUT 设为 DROP：＿＿＿＿＿。

（3）将目标计算机的 MAC 设为 ACCEPT：＿＿＿＿＿。

7．设定 ICMP 包，拒绝除 192.168.6.0 网段的所有 ICMP 数据包进入服务器：＿＿＿＿＿。

8．定制防火墙的 NAT 访问策略。

（1）清除所有策略：＿＿＿＿＿。

（2）重置 ip_forward 为 1：＿＿＿＿＿。

（3）通过 MASQUERADE 设定来源于 192.168.6.0 网段的 IP 通过 192.168.6.217 转发出去：＿＿＿＿＿。

（4）通过 iptables 观察转发的数据包＿＿＿＿＿＿＿＿＿＿＿＿＿＿＿＿。

9．定制防火墙的 NAT 访问策略。

（1）清除所有 NAT 策略：＿＿＿＿＿。

（2）重置 ip_forward 为 1：＿＿＿＿＿。

（3）通过 SNAT 设定来源于 192.168.6.0 的网段并且通过 eth1 转发出去：＿＿＿＿＿。

（4）用 iptables 观察转发的数据包：＿＿＿＿＿。

10．端口转发访问策略。

（1）清除所有 NAT 策略：_____。

（2）重置 ip_forward 为 1：_____。

（3）通过 DNAT 设定为所有访问 192.168.6.217 的 22 端口都访问到 192.168.6.191 的 22 端口：_____。

（4）设定所有到 192.168.6.191 的 22 端口的数据包都通过 FORWARD 转发：_____。

（5）设定回应数据包，即通过 NAT 的 POSTROUTING 设定使通信正常：_____。

技能实训

实训 1：代理服务器配置

一、实训描述

网段内有服务器 A 和服务器 B，服务器 A 未连接公网，配置代理服务器 B，实现服务器 A 通过服务器 B 来连接 Internet。服务器 A 的 IP 为 192.16.9.8，服务器 B 内网的 IP 为 192.168.9.14，服务器 B 公网的 IP 为 219.217.72.3。

二、实训步骤

（1）服务器 B 开启内核路由转发功能。

```
echo 1 > /proc/sys/net/IPv4/IP_forward
sysctl -p
echo 'net.IPv4.IP_forward = 1' >> /etc/sysctl.conf
sysctl -p
```

（2）查看服务器 A 的路由表，添加默认网关。

```
route add default gw 192.168.9.14
# route -n
Kernel IP routing table
DestiNATion     Gateway         Genmask         Flags Metric Ref    Use Iface
192.168.1.0     0.0.0.0         255.255.255.0   U     0      0        0 eth1
169.254.0.0     0.0.0.0         255.255.0.0     U     0      0        0 eth1
0.0.0.0         192.168.9.14    0.0.0.0         UG    0      0        0 eth1
```

（3）在服务器 B 上添加 SNAT 规则。

```
IPtables -t NAT -A POSTROUTING -o eth0 -s 192.168.9.0/24 -j SNAT --to 219.217.72.3
```

（4）保存配置。

```
service IPtables save
```

（5）重启 iptables 服务。

```
/etc/init.d/iptables restart
```

（6）测试代理效果。

（7）将 iptables 设置为开机自启动。

```
# chkconfig |grep IPtables
IPtables          0:off  1:off  2:on  3:on  4:on  5:on  6:off
```

实训 2: 普通代理服务配置

一、实训描述

构建 Squid 服务器，需要客户机在浏览器中指定代理服务器的地址为 192.168.9.20，端口为 3128。客户端通过 Squid 代理服务器访问网站www.jltc.edu.cn，并且禁止客户端机器通过代理服务器下载超过 60MB 的文件，超过 6144KB 的文件不进行缓存。实验拓扑图如图 14-3 所示。

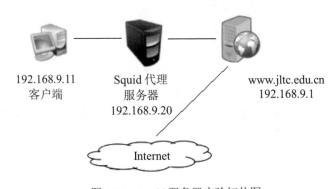

192.168.9.11 客户端 　 Squid 代理服务器 192.168.9.20 　 www.jltc.edu.cn 192.168.9.1 　 Internet

图 14-3　Squid 服务器实验拓扑图

二、实训步骤

（1）打开文件 squid.conf。

```
# vim /etc/squid.conf          //修改 squid 配置文件
```

（2）配置 Squid 服务器。

```
reply_body_max_size 60 MB               //禁止下载超过 10MB 的文件
maximum_object_size 6144 KB             //超过 4MB 的文件不进行缓存
http_access deny all
# iptables -I INPUT    -p tcp --dport 3128 -j ACCEPT
# service IPtables save                 //允许 Squid 流量通过
# service squid reload                  //重载 Squid 服务
```

（3）配置客户机 C（代理配置）。

打开 IE 浏览器，选择"工具"→"Internet 选项"→"连接"→"局域网设置"，打开如图 14-4 所示的"局域网设置"对话框，如图 14-4 所示。

（4）勾选"为 LAN 使用代理服务器"复选项，在"地址"栏中输入 192.168.9.20，在"端口"栏中输入 3128，单击"确定"按钮。

（5）打开浏览器，在"地址"栏中输入 http://192.168.9.1，按回车键，如图 14-5 所示。

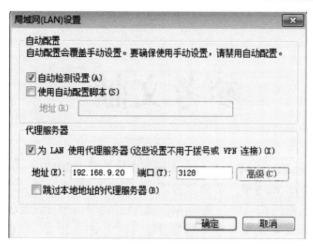

图 14-4　配置客户机

图 14-5　测试成功

参考文献

[1]   刘遄. Linux 就该这么学[M]. 北京：人民邮电出版社，2017.

[2]   鸟哥. 鸟哥的 Linux 私房菜：基础学习篇. 3 版[M]. 北京：人民邮电出版社，2012.

[3]   王艳青. Linux 网络操作系统与实训[M]. 北京：科学出版社，2006.

[4]   鸟哥. 鸟哥的 Linux 私房菜：服务器架设篇. 3 版[M]. 北京：机械工业出版社，2012.

[5]   胡玲，曲广平，杨龙平. Linux 系统管理与服务配置[M]. 北京：电子工业出版社，2015.

[6]   黑马程序员. Linux 编程基础[M]. 北京：清华大学出版社，2017.

[7]   张栋，黄成. Linux 服务器搭建实战详解[M]. 北京：电子工业出版社，2010.

[8]   高俊峰. 循序渐进 Linux. 2 版[M]. 北京：人民邮电出版社，2016.

[9]   陈祥林. Linux Shell 脚本编程从入门到精通[M]. 北京：机械工业出版社，2014.

[10]   张敬东. Linux 服务器配置与管理[M]. 北京：清华大学出版社，2014.

[11]   高俊峰. 循序渐进 Linux[M]. 北京：人民邮电出版社，2009.

[12]   张栋，周进，黄成. RedHat Enterprise Linux 服务配置与管理[M]. 北京：人民邮电出版社，2009.

[13]   余柏山. Linux 系统管理与网络管理[M]. 北京：清华大学出版社，2010.

[14]   杨云，运永顺，和乾. Linux 网络服务器配置管理项目实训教程. 2 版[M]. 北京：中国水利水电出版社，2014.